"十四五"职业教育江苏省规划教材

机械加工技术

主　编　张长红　殷　铭
副主编　杨鹏飞　李燕飞　王小正　于素梅
参　编　李　文

北京理工大学出版社
BEIJING INSTITUTE OF TECHNOLOGY PRESS

内容简介

本书是根据中等职业学校机械专业人才培养方案和课程标准要求编写，是以项目为载体，校企合作编写的理实一体化教材。本书分机械加工技术基础和机械加工技术的应用两个模块，共有5个项目，16个任务。以车削加工、铣削加工为典型项目，以典型零件的加工工艺为主线，将机床、刀具、夹具、工件等进行了有机的组合，形成了新的知识构架和内容体系，内容包括机械加工安全及设备、编制机械加工工艺规程、先进加工技术、车削加工技术、铣削加工技术。本书针对每个任务都编写了任务工作页，可配合课堂教学使用。为了方便教学，本书配备一定的教学资源，以便教师和学生使用。

本书可作为中等职业学校机械类专业的通用教材，也可供企业培训员工或职业培训技术人员参考使用。

版权专有　侵权必究

图书在版编目（CIP）数据

机械加工技术 / 张长红，殷铭主编. -- 北京：北京理工大学出版社，2021.10
ISBN 978-7-5763-0444-2

Ⅰ. ①机… Ⅱ. ①张… ②殷… Ⅲ. ①金属切削-职业教育-教材 Ⅳ. ①TG506

中国版本图书馆 CIP 数据核字（2021）第 201628 号

出版发行 /	北京理工大学出版社有限责任公司
社　　址 /	北京市海淀区中关村南大街 5 号
邮　　编 /	100081
电　　话 /	（010）68914775（总编室）
	（010）82562903（教材售后服务热线）
	（010）68944723（其他图书服务热线）
网　　址 /	http://www.bitpress.com.cn
经　　销 /	全国各地新华书店
印　　刷 /	定州启航印刷有限公司
开　　本 /	889 毫米 × 1094 毫米　1/16
印　　张 /	15.5
字　　数 /	310 千字
版　　次 /	2021 年 10 月第 1 版　2021 年 10 月第 1 次印刷
定　　价 /	42.00 元

责任编辑 / 陆世立
文案编辑 / 陆世立
责任校对 / 周瑞红
责任印制 / 边心超

图书出现印装质量问题，请拨打售后服务热线，本社负责调换

前言

制造业是国家生产能力和国民经济的基础和支柱，是高新技术产业化的载体和实现现代化的重要基石。机械制造又是制造业的核心和基础。目前，制造企业对一线技能型人才有很大的需求，中等职业学校作为企业一线技能型人才的主要培养基地，加强机械加工技术知识的学习，对促进机械制造业发展具有十分重要的意义。

本教材编写组根据机械加工行业标准和中等职业学校学生成长规律，依据《机械加工技术》课程标准，确定课程核心知识和岗位能力，把握学科知识逻辑顺序和学生学习心理，采取校企合作共同编写，完成了具有"工学结合、校企合作"的创新型教材。整本教材的编排追求理论与实践的有机统一，培养学生良好的职业能力与职业素养。在内容编排上以机械加工工艺为主线，将制造所需的工件材料、刀具、机床、夹具、工艺等知识按生产实践的应用顺序编排，使理论知识与生产实际更加贴近，有利于提高学生综合运用专业知识的能力。

本教材突出了职业教育的特点，结合中职学生培养目标，瞄准"提高学生实践能力"这一中心任务，对理论知识的广度和深度进行合理控制，增加生产实用知识的比例。按照职业成长规律，任务设置从简单到复杂，知识由浅入深。全书分为两个模块，五个项目，若干个任务。任务实施主要以工作页形式展现，引导学生在"做"任务的同时，弄懂、消化知识，并培养操作技能。在完成任务的过程中，学习书本知识，激发学生学习的主动性，培养学生自主学习能力。

本教材编写体现以下特点：

1. 坚持全面育人理念。教材编写组坚持弘扬优秀传统文化，落实"立德树人"方针，挖掘课程思政元素，在激发学生学习兴趣的同时也培养了爱国情怀。

2. 突出实用性。教材大部分图片来自企业，紧贴企业生产实际情况，重视工学结合。特别适用于不同层次中等职业教育培养目标的需要，教材内容综合性强、实用性大。

3. 注重工作任务导向。教材体现了项目为载体、职业实践为主线的模块化课程改革理念，遵循职业教育规律和技能人才成长规律，强化学生职业素养的养成和专业知识的积累，有效将专业精神、职业精神和工匠精神通过项目融入教材。注重爱岗敬业、沟通合作等素质和能力的培养，提高重安全、保质量、促生产的敬业精神。

4. 服务多元化学习。教材注重体现信息技术与课程的融合，配套建设了丰富的学习资源，有加工视频、PPT、教案、任务练习及答案等，便于学生学习和教师使用。

本教材由江苏省连云港工贸高等职业技术学校张长红、苏州工业职业技术学院殷铭担任主编；江苏省连云港工贸高等职业技术学校杨鹏飞、李燕飞，淮海技师学院王小正，连云港鹰游工程技术研究院有限公司于素梅担任副主编；广州市机电技师学院李文参与本教材编写。

本教材编写过程中，参考了与机械加工技术有关的大量教材和资料，对原作者表示衷心的感谢。同时，编写过程中苏州勋典智能科技有限公司段马龙先生为本教材编写提供了大量的素材，江苏省连云港工贸高等职业技术学校王琳教授、白桂彩教授对本教材提出了宝贵意见，在此一并表示诚挚的感谢。由于编者水平有限，书中难免会出现不足和错误之处，恳切希望广大读者和同仁批评指正。

编 者

2021 年 7 月

教材导读

本教材教学过程中，建议采用"教学+工作页任务+任务练习"，同时辅助课前、课中、课后的自主学习的模式进行。具体教学组织可参考《机械加工技术》教材教学组织实施导程表。

《机械加工技术》教材教学组织实施导程表

模块序列	项目序列	学生课堂工作任务	课堂教学内容	参考学时
模块一 机械加工技术基础	项目一 机械加工安全及设备	任务一 规范生产场所的安全标准	1. 生产场所的安全要求 2. 我国的安全生产方针及安全生产总则 3. 机械加工生产场所的安全及机械伤害事故的预防	2
		任务二 制订机械加工安全技术操作规程	1. 普通车床安全操作规程 2. 铣床安全操作规程 3. 激光切割机安全操作规程 4. 3D打印机安全操作规程	2
		任务三 维护保养机械设备	1. 设备的维护保养 2. 设备的三级保养制 3. 精、大、稀设备的使用维护要求 4. 动力设备的使用维护要求	4
		任务四 认识金属切削机床	1. 金属切削机床的切削条件 2. 金属切削机床的分类 3. 机床型号的编制方法	2

续表

模块序列	项目序列	学生课堂工作任务	课堂教学内容	参考学时
模块一 机械加工技术基础	项目二 编制机械加工工艺规程	任务一 认识机械加工工艺规程	1. 机械加工工艺过程 2. 机械加工工艺规程的作用 3. 工艺规程制订的原则 4. 机械加工工艺过程的组成	2
		任务二 编制机械加工工艺规程	1. 编制机械加工工艺规程的基本要求及原始资料 2. 编制工艺规程的步骤 3. 工艺文件的格式 4. 零件工艺分析 5. 零件表面加工方法的选择 6. 加工顺序的安排 7. 工艺过程制定	2
		任务三 编制典型机械加工工艺规程	1. 制定轴类零件加工工艺 2. 套筒类零件加工工艺分析	4
	项目三 先进加工技术	任务一 认识特种加工技术	1. 特种加工概述 2. 特种加工技术的特点 3. 特种加工的分类 4. 常用的特种加工方法 5. 特种加工的主要运用领域 6. 特种加工发展方向及研究	4
		任务二 认识激光加工技术	1. 激光加工原理 2. 激光加工的特点 3. 激光加工技术的应用	4
		任务三 认识3D打印技术	1. 3D打印的概念 2. 3D打印技术的优势 3. 3D打印技术基本原理 4. 3D打印技术的主要应用 5. 3D打印世界之最	4

续表

模块序列	项目序列	学生课堂工作任务	课堂教学内容	参考学时
模块二 机械加工技术的应用	项目四 车削加工技术	任务一 认识车床	1. 车床的加工工艺范围 2. 卧式车床型号及组成 3. CA6140A型车床的主要技术参数	6
		任务二 刃磨车刀	1. 常用车刀材料 2. 常用车刀的种类和用途 3. 车刀的组成及切削部分的几何要素 4. 车刀的主要角度及作用 5. 车刀的刃磨	12
		任务三 车削典型轴类零件	1. 光轴零件车削 2. 台阶孔车削 3. 圆锥车削 4. 沟槽车削	30
	项目五 铣削加工技术	任务一 认识铣床	1. 铣床种类及功用 2. 铣床外形及各部位名称 3. 铣床型号 4. 铣削加工特点	6
		任务二 选择铣刀	1. 铣刀材料 2. 铣刀种类及用途 3. 铣刀选择 4. 铣刀几何参数 5. 铣削方式的选择	6
		任务三 铣削典型零件	1. 平面铣削 2. 台阶铣削 3. 沟槽铣削	30

　　工作任务页配合课堂教学,可以利用工作页引导教学。通过任务练习加以巩固,做到"做中学,学中练,学练结合"。

　　本教材主要是以机械加工技术基础和机械加工技术的应用两个模块为主,涉及机械加工安全及设备、编制机械加工工艺规程、先进加工技术、车削加工技术、铣削加工技术等相关知识,建议120学时左右完成,其中任务工作页可结合理实一体化教学模式使用。建议配备普通卧式车床和立式铣床,以及线上网络资源来配合教学。

目录

模块一　机械加工技术基础

项目一　机械加工安全及设备 …………………………………………………… 2
  任务一　规范生产场所的安全标准 …………………………………………… 2
  任务二　制订机械加工安全技术操作规程 …………………………………… 11
  任务三　维护保养机械设备 …………………………………………………… 16
  任务四　认识金属切削机床 …………………………………………………… 25

项目二　编制机械加工工艺规程 ………………………………………………… 32
  任务一　认识机械加工工艺规程 ……………………………………………… 32
  任务二　编制机械加工工艺规程 ……………………………………………… 38
  任务三　编制典型机械加工工艺规程 ………………………………………… 54

项目三　先进加工技术 …………………………………………………………… 63
  任务一　认识特种加工技术 …………………………………………………… 63
  任务二　认识激光加工技术 …………………………………………………… 79
  任务三　认识 3D 打印技术 …………………………………………………… 86

模块二　机械加工技术的应用

项目四　车削加工技术 …………………………………………………………… 98
  任务一　认识车床 ……………………………………………………………… 98
  任务二　刃磨车刀 ……………………………………………………………… 108
  任务三　车削典型轴类零件 …………………………………………………… 120

项目五　铣削加工技术 ………………………………………………………… 149
任务一　认识铣床 ………………………………………………………… 149
任务二　选择铣刀 ………………………………………………………… 158
任务三　铣削典型零件 …………………………………………………… 174

参考文献 …………………………………………………………………………… 198

模块一 机械加工技术基础

项目一

机械加工安全及设备

知识树

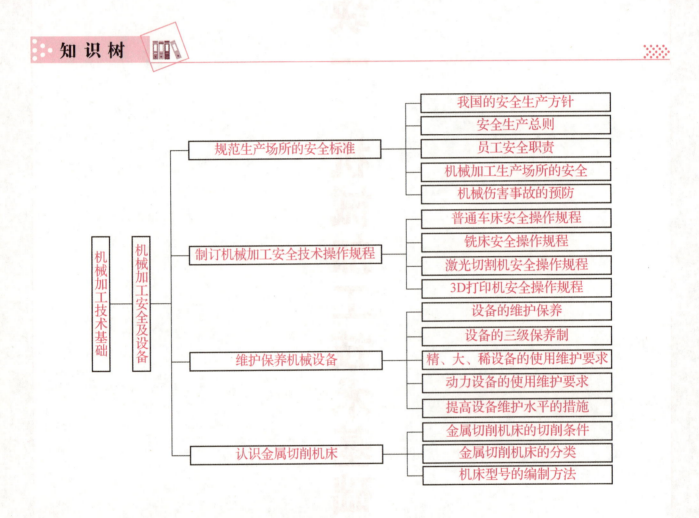

任务一　规范生产场所的安全标准

俗话说："安全无小事。"安全生产是关系到全体员工生命和财产安全的头等大事，是关系到企业兴衰的根本利益所在。对机械加工企业而言，安全就是根本，安全就是效益，唯有安全生产不出差错，企业才能创造更多的效益，企业员工才能憧憬更加美好的未来。因此需培养学生安全意识，严格遵守企业安全操作规程及企业 6S 管理标准要求，养成严谨认真的工作态度。

项目一　机械加工安全及设备

任务目标

掌握我国的安全生产方针；

了解机械加工生产场所的安全要求；

了解机械伤害事故的预防；

培养学生安全意识，严格遵守6S管理标准要求，养成严谨认真的工作态度。

任务描述

本任务主要以机械加工车间（如图1-1-1所示）安全生产为例，对机械加工生产场所进行布置，保证生产场所的采光、通道、设备布局、物料堆放等满足安全生产要求。要求员工应遵守安全职责，做好机械伤害事故的预防，做到安全文明生产"班后六不走"。

图1-1-1　机械加工车间

知识链接

一、我国的安全生产方针

1）我国的安全生产方针是"安全第一、预防为主、综合治理"。

党的安全生产方针是完整的统一体，坚持安全第一，必须以预防为主，实施综合治理；只有认真治理隐患，有效防范事故，才能把"安全第一"落到实处。事故源于隐患，防范事故的有效办法，就是主动排查、综合治理各类隐患，把事故消灭在萌芽状态。不能等到付出了生命代价、有了血的教训之后再去改进。从这个意义上说，综合治理是安全生产方针的基石，是安全生产工作的重心所在。

2）企业员工的劳动保护义务是：必须严格执行劳动保护法规，遵守劳动纪律和安全生产操作规程，正确使用防护用品、用具等。

3）企业员工的劳动保护权利是：对违章指挥有权拒绝操作；险情特别严重时，有权停止作业，采取紧急防范措施，并撤离危险岗位；对漠视员工安全健康的领导者，有权批评、检举、控告。

二、安全生产总则

1）"安全生产，人人有责"。所有员工必须严格遵守安全技术操作规程和各项安全生产规章制度。

2）工作前，必须按规定穿戴好防护用品，女工要把发辫放入帽内，操作旋转机床时严禁戴手套。不准穿拖鞋、赤脚、赤膊、敞衣、戴头巾、围巾工作；上班前不准饮酒。工作前应按安全指示标志（如图1-1-2所示）要求做准备。

图1-1-2　工作前安全指示标志

3）工作中，应集中精力，坚守岗位，不准擅自把自己的工作交给他人；不准打闹、睡觉、做与本职工作无关的事；凡运转设备，不准跨越、传递物件和触动危险部位；不准用手拉、嘴吹铁屑；不准站在砂轮的正前方进行磨削；不准超限使用设备；中途停电，应关闭电源开关。工作中应严格遵守安全指示标志（如图1-1-3所示）的要求。

图1-1-3　工作中安全指示标志

4）严格执行交接班制度，末班人员下班前必须切断电源、汽源，熄灭火种，清理现场。

5）行人要走指定通道，注意各种警示标志，严禁跨越危险区；严禁从行驶中的机动车辆爬上、跳下、抛卸物品；车间内不准骑自行车。

6）严禁任何人攀登吊运中的物件及在吊钩下通过和停留。

7）操作工必须熟悉其设备性能、工艺要求和设备操作规程。设备要定人操作，使用本工种以外的设备时，须经有关领导批准。

8）非电气人员不准安装和维修电气设备和线路。用电安全指示标志如图1-1-4所示。

图 1-1-4　用电安全指示标志

三、员工安全职责

1）要自觉遵守各项安全操作规程和各项安全规章制度，杜绝违章作业现象。不准擅自拆除安全装置（包括信号装置和警告标志），正确使用各类设备和工夹用具。

2）积极参加各项安全活动，经常进行安全技术学习，监护、检查、帮助新工人做到安全生产，带有徒工和实习生的员工应对他们的安全生产负责。

3）每日做好对生产岗位、作业环境的安全检查和交接班工作，为交接班创造安全生产的良好条件。

4）正确分析、判断和处理各种事故苗头，把事故消灭在萌芽状态。

5）上岗必须按规定着装，正确使用、妥善保管各种防护用品和器具，不得无故不用、损坏或送给他人。

6）按时巡回检查、发现异常及时处理，如遇有特别紧急不安全情况时，有责任责令任何人员停止生产，并立即向有关领导汇报，遇有领导强令冒险蛮干，有权拒绝，并向安技部门报告。

四、机械加工生产场所的安全

（一）机械生产场所的采光要求

生产场所采光是生产的必需条件，如果采光不良，视力下降，会产生误操作，或发生意外伤亡事故。同时，长期作业，容易使操作者眼睛疲劳，合理采光对提高生产效率和保证产品质量有直接的影响。因此，生产场所要有足够的亮度，以保证安全生产的正常进行。

1）生产场所白天依赖自然光，在阴雨天及夜间则由人工照明采光作补充和代替。

2）生产场所内照明应满足《工业企业照明设计标准》要求。

3）对厂房一般照明的光窗设计要求：厂房跨度大于12m时，单跨厂房的两边应有采光侧窗，窗户的宽度应不小于开间长度的1/2；多跨厂房相连，相连各跨应有天窗，跨与跨之间不得有墙封死。车间通道照明灯要覆盖所有通道，覆盖长度应大于90%车间安全通道长度。

（二）机械生产场所的通道要求

生产场所的通道包括厂区主干道和车间安全通道。厂区主干道是指汽车通行的道路，是保证厂内车辆行驶、人员流动以及消防灭火、救灾的主要通道；车间安全通道是指为了保证职工通行和安全运送材料、工件而设置的通道。

1. 厂区干道的路面要求

车辆双向行驶的主干道，宽度不小于5m；有单向行驶标志的主干道，宽度不小于3m。进出厂区门口，危险地段需设置限速牌、指示牌和警示牌，如图1-1-5所示。

图1-1-5　限速牌、指示牌和警示牌

2. 车间安全通道要求

通行汽车，宽度大于3m；通行电瓶车、铲车，宽度大于1.8m；通行手推车、三轮车，宽度大于1.5m；一般人行通道，宽度大于1m。

3. 通道的一般要求

通道标记应醒目，画出边沿标记，转弯处不能形成直角。通道路面应平整、无台阶、无坑沟。道路土建施工应有警示牌或护栏，夜间要有红灯警示，如图1-1-6所示。

图1-1-6　道路土建施工警示牌

（三）机械生产场所的设备布局要求

车间生产设备设施的摆放，相互之间的距离，与墙、柱的距离，操作者的活动空间，高空运输线的防护罩网，这些都与操作人员的安全密切相关。如果设备布局不合理或错误，操作者空间窄小，当工件、材料等飞出时，容易造成设备乃至人员的伤害，导致意外事故的发生。因此，车间生产设备布局应该按以下规定执行。

1. 大、中、小设备划分规定

1）按设备管理条例规定，将设备分为大、中、小三种类型。

2）特异或非标准设备按外形最大尺寸分类：大型，长度大于12m；中型，长度为6~12m；小型，长度小于6m。

2. 大、中、小型设备间距和操作空间的规定

1）设备间距（以活动机件达到的最大范围计算）：大型≥2m，中型≥1m，小型≥0.7m。大、小设备间距按最大的尺寸要求计算。如果在设备之间有操作工位，则计算时应将操作空

间与设备间距一并计算。若大、小设备同时存在时，大、小设备间距按大的尺寸要求计算。

2) 设备与墙、柱距离（以活动机件的最大范围计算）：大型≥0.9m，中型≥0.8m，小型≥0.7m。在墙、柱与设备间有人操作的，应满足设备与墙、柱间和操作空间的最大距离要求。

3) 高于2m的运输线应安装牢固的防护罩（网），网格大小应能防止所输送物件坠落至地面；对低于2m的运输线的起落段两侧应加设护栏，栏高1.05m。

（四）机械生产场所的物料堆放要求

生产场所的工位器具、工件、材料摆放不当，不仅妨碍操作，而且容易引起设备损坏和工伤事故。为此，应该做到：

1) 生产场所要划分毛坯区，成品区、半成品区，工位器具区，废物垃圾区。原材料、半成品、成品应按操作顺序摆放整齐且稳固，一般摆放方位与墙或机床轴线平行，尽量堆垛成正方形。

2) 生产场所的工位器具、工具、模具、夹具要放在指定的部位，安全稳妥，防止坠落和倒塌伤人。

3) 产品坯料等应限量存入，白班存放量为每班加工量的1.5倍，夜班存放量为加工量的2.5倍，但大件存放量不超过当班定额。

4) 工件、物料摆放不得超高，在垛底与垛高之比为1:2的前提下，垛高不超出2m（单位超高除外），砂箱堆垛不超过3.5m。堆垛要做到支撑稳妥，堆垛间距合理，便于吊装。滚动物件应设垫块楔牢。

（五）机械生产场所的地面状态要求

生产场所地面平坦、清洁是确保物料流动、人员通行和操作安全的必备条件。为此，应该做到：

1) 人行道、车行道和宽度要符合规定的要求。

2) 为生产而设置的深大于0.2m、宽大0.1m的坑、壕、池应有可靠的防护栏或盖板，夜间应有照明。

3) 生产场所工业垃圾、废油、废水及废物应及时清理干净，以避免人员通行或操作时滑跌造成事故。

4) 生产场所地面应平坦、无绊脚物。

五、机械伤害事故的预防

（一）机械伤害事故的预防

1) 穿紧身防护服，袖口不要敞开；留长头发者，要戴防护帽；佩戴防护眼镜。不能使用手套，以防高速运转的部件绞缠而将手带入机械设备，造成伤害。

2)开动机床前,要检查机床上危险部位的装置是否安全可靠,润滑系统是否畅通,而且还要对机床进行安全空载试验。

3)机床运转时,禁止用手调整机床或测量工件,禁止用手肘支撑在机床上,禁止用手触摸机床的运转部件,禁止在运转中取下或安装安全装置,不得用手清除切屑,而应使用钩子、刷子或专用工具清除。

4)切削加工的工作地点要保持整洁、有条不紊,待加工和已加工工件,不能放在机床的运转部件上。机床的卡盘扳手用完后应随手取下,最好使用弹顶扳手。不准将材料或工件放在通道上。

5)工件及刀具要夹紧装牢,防止工件和工具从夹具中脱落或飞出。装卸笨重工件时,应使用起重设备,并穿防砸安全鞋。

6)机床运转时,操作者尽量不要离开工作地点,如发现机床运转不正常时,应立即停机检查。突然停电时,应立即切断机床电源或其他启动机构,并把刀具退出工件部位。

7)工作结束后,应关闭机床,切断电源,把刀具和工件从加工位置上退出,清理并装安好所使用的工、夹、量具,清理所有切屑,并按切屑的种类分别放入指定的废料箱内,最后仔细擦洗机床。

(二)生产设备安全操作注意事项

1. 车床

1)设备操作人员操作时不允许戴手套操作设备。

2)防止工件或其他物品甩出伤人,装上工件进行切削时一定要关上防护门。

2. 铣/钻床

1)严禁手摸或用棉纱擦拭正在转动的刀具和机床的传动部分,清理铁屑时只允许用毛刷,禁止用嘴吹。

2)对刀时必须慢速进刀,当刀接进工件时须用手摇进刀,不准快速进刀。正在进刀时不准停车,同时应注意手柄伤人。

六、安全文明生产"班后六不走"

安全生产与文明生产密切相关,除了随时随地按"6S"标准要求之外,每天班后每名操作工人,应做到:

1)设备、设施、工具未切断电源不走。不断电不仅清扫维护有危险,如他人触及更危险。

2)工件材料未整理未堆放好不走。成品、半成品、毛坯件等均应分类整理好,堆放不超高不倾斜。

3)工卡量具未擦拭、未放好不走。不仅是安全的需要,也是质量的要求,并可防止丢失。

4)作业现场卫生未清理不走。规定的卫生区至少应在每班后彻底清扫,将杂物分类放至指定处。

5）设备设施与吊索未保养不走。天天保养工作量小，延长寿命，发现缺陷可及时处理。

6）工具箱未整理未锁好不走。最后一道工序是工具箱的整理，各放其位，勿忘上锁。

任务练习

一、填空题

1. 我国的安全生产方针是"_____、_____、_____"。

2. 党的安全生产方针是完整的统一体，坚持____第一，必须以____为主，实施_____。

3. "安全生产，人人有责"。所有员工必须严格遵守_____操作规程和各项_____规章制度。

4. 对厂房一般照明的光窗设计要求：厂房跨度大于_____时，单跨厂房的两边应有采光侧窗，窗户的宽度应不小于开间长度的_____。

5. 车辆双向行驶的主干道，宽度不小于_____；有单向行驶标志的主干道，宽度不小于_____。

二、判断题

1. 严禁任何人攀登吊运中的物件及在吊钩下通过和停留。（ ）

2. 非电气人员可以安装和维修电气设备和线路。（ ）

3. 进出厂区门口，危险地段不需设置限速牌、指示牌和警示牌。（ ）

4. 通道标记应醒目，画出边沿标记，转弯处可以为直角。（ ）

5. 生产场所工业垃圾、废油、废水及废物应及时清理干净，以避免人员通行或操作时滑跌造成事故。（ ）

6. 上岗必须按规定着装，正确使用、妥善保管各种防护用品和器具，不得无故不用、损坏或送给他人。（ ）

三、写出车间安全指示标志

四、简答题

1. 机械生产场所的采光有哪些要求？
2. 安全文明生产"班后六不走"应做好哪些内容？

任务拓展

阅读材料——机械加工安全事故案例

案例1　违章操作，命丧黄泉

一、事故经过

某公司机加车间三级车工张某，在C620车床上加工零部件。当时磁铁座千分表放在车床外导轨上，他用185r/min的转速校好零件后，没有停车右手就从转动零部件上方跨过去拿千分表。由于人体靠近零部件，衣服下面两个衣扣未扣，衣襟散开，被零部件的突出支臂钩住。一瞬间，张某的衣服和右部同时被绞入零部件与轨道之间，头部受伤严重，抢救无效死亡。

二、事故分析

从事机械加工人员必须穿戴好防护用品，上衣要做到"三紧"，女工要戴好工作帽。同时规定不准跨过转动的零部件拿取工具。这是一起严重违反操作规定和防护品穿戴不规范而引发的死亡事故。教训告诉我们，遵章守纪，安全才有保障。

案例2　操作台钻严重违章造成的断指事故

一、事故经过

某市装配厂机动科机修站划线钳工吕某某（男，51岁），在操作台钻（Z512）加工工件的过程中，在未停机的情况下，戴手套清扫工件铁屑，被旋转钻头上所带的铁屑挂住右手食指，缠绕在钻头上，造成右手食指两节离断事故。

二、事故分析

造成这起事故的直接原因是吕某某严重违反操作规程，在未停机的状况下戴手套清扫工件铁屑。造成事故的间接原因，一是安全管理不严，对安全操作规程和岗位安全教育落实不够；二是对习惯性违章行为纠正不力，处罚不严。

项目一 机械加工安全及设备

任务二 制订机械加工安全技术操作规程

机械加工企业的工作人员，是机械加工机床的使用者，在操作机床的过程中，应严格按照安全技术操作规程进行操作。作为金属切削机床的初学者，要求每一位学生都要严格按照操作规程去操作机床，养成规范的操作习惯。同学之间应互相学习，培养与他人良好沟通能力，为今后走入工作岗位做准备。

任务目标

掌握普通车床安全操作规程；
了解铣床安全操作规程；
了解激光切割机安全操作规程；
了解3D打印机安全操作规程；
培养学生规范操作机床的意识，养成严谨认真的工作态度。

任务描述

本任务主要是以普通车床、铣床、激光切割机、3D打印机为例介绍机械加工安全操作规程。要求学生在机械加工训练中，能严格按照操作规程要求，操作机床并顺利完成零件的加工。

知识链接

一、普通车床安全操作规程

1）车床开动前，必须按照安全操作的要求，正确穿戴好劳动保护用品。袖口扣紧，上衣下摆不能敞开，严禁戴手套。长发者必须戴好安全帽，把长发放入帽内。高速切削时要戴好防护镜，以防铁屑飞溅伤眼。

2）工作前按润滑规定注油，设有自动润滑装置的待信号灯亮后开车。低速运转3~5min，确认机床各部分正常后再开始工作。

3）卡盘夹头要上牢，开机时扳手不能留在卡盘或夹头上。

4）工件运转时，操作者不能正对工件站立，身不靠车床，脚不踏油盘。

5）装夹工件时必须紧固可靠。加工偏重工件时，必须加以平衡，禁止高速切削。

6）装卸较重工件和卡盘时，必须选用安全的吊具和方法，同时要在导轨上面垫好木板。

7）禁止高速反刹车，退车和停车要平稳。

8）用顶尖顶持工件时，尾座套筒伸出量不得大于套筒直径的两倍。

9）装卡盘、花盘时，必须装好保险卡子，专用卡盘（如圆锥卡盘）要上拉杆。

10）禁止在设备运转中变换速度。凡有离合器的机床，开车前应将离合器脱开，使电动机轻负荷启动。

11）禁止在导轨面上放置金属物品、校正、敲打工件。

12）车床工作时，禁止打开或卸下防护装置。

13）工作中必须集中思想操作，防止碰撞卡盘和尾座。

14）不准使用无柄锉刀，使用锉刀时，右手在前左手在后。

15）不准用手和量具清理铁屑，清理铁屑时注意安全。清除铁屑，应用刷子或专用钩子。

16）车床运行中，不准随意离开机床；不准用手触摸各传动部位；不准用棉纱擦工件。车床停稳后再换刀，刀架要远离卡盘和工件。

17）车削前必须夹紧工件与车刀，并紧固好刀架。刀杆不应伸出过长（镗孔除外）。

18）车床未停稳，禁止在车头上取工件或测量工件。

19）加工细长棒料，后端伸出过长时，应用木块塞紧或加设料架，同时要有明显警示标志，并加防护围栏。

20）工作结束后，切断电源，将各手柄置于非工作位置上。

二、铣床安全操作规程

1）机床开动前，必须按照安全操作的要求，正确穿戴好劳动防护用品。袖口扣紧，上衣下摆不能敞开，严禁戴手套。长发者必须戴好安全帽，长发应放入帽内。高速切削时要戴好防护镜，以防铁屑飞溅伤眼。

2）操作前检查铣床各部位手柄是否正常，按规定加注润滑油，并低速试运转 3~5min，确认正常后再开始工作。

3）装夹工件要稳固。装卸、对刀、测量、变速、紧固心轴及清洁机床，都必须在机床停稳后进行。

4）刀具装卸时，应保持铣刀锥体部分和锥孔的清洁，并要装夹牢固。高速切削时必须戴好防护镜，以防铁屑飞溅伤眼。工作台不准堆放工具、零件等物品，注意刀具和工件的距离，防止发生撞击事故。

5）开车时，应检查工件和铣刀相互位置是否恰当。安装铣刀前应检查刀具是否对号、完好，铣刀尽可能靠近主轴安装，装好后要试车。安装工件应牢固。

6）工作时应先用手进给，然后逐步自动走刀。运转自动走刀时，拉开手轮，注意限位挡块是否牢固，不准放到头，不要走到两极端而撞坏丝杠；使用快速行程时，要事先检查是否会发生相撞等现象，以免碰坏机件、铣刀碎裂飞出伤人。经常检查手轮内的保险弹簧是否有效可靠。

7）铣床运转时，禁止徒手或用棉纱清扫机床，人不能站在铣刀的切线方向，更不得用嘴吹切屑。切削时禁止用手摸刀刃和加工部位。测量和检查工件必须停车进行，切削时不准调整工件。

8）主轴停止前，须先停止进刀。若切削深度较大时，退刀应先停车，挂轮时须切断电源，挂轮间隙要适当，挂轮架背母要紧固，以免造成脱落；加工毛坯时转速不宜太快，要选好背吃刀量和进给量。

9）工作台与升降台移动前，必须将固定螺丝松开；不移动时，将螺母拧紧。

10）刀杆、拉杆、夹头和刀具要在开机前装好并拧紧，不得利用主轴转动来帮助装卸。

11）工作完毕应关闭电源，清扫机床，并将手柄置于空位，工作台移至正中。

三、激光切割机安全操作规程

1）打开稳压电源总开关，将输出电压切换到稳压模式，不得使用市电。

2）接通机床总电源开关（ON）。

3）接通机床控制电源（钥匙开关）。

4）待系统自检完成，机床各轴回参考点。

5）启动冷水机组，检查水温、水压（正常水压为5bar）。冷水机组上电3分钟后，压缩机启动，风扇转动，开始制冷降温。

注意：冷水机组散热片要定期进行清理，避免灰尘过多影响工作，水箱内的蒸馏水四个月更换一次，不可使用自来水或纯净水。

6）打开氮气瓶、氧气瓶，检查气瓶压力，启动空压机、冷干机。

注意：空压机、冷干机过滤器每天早晨必须排水，外光路镜片侧吹风的前一级过滤器必须随时检查，不得有水或油，否则污染镜片。必须改善气源，使之达标。

7）待冷水机降至设定温度（设定为21℃），再打开激光器总电源，开低压（白色按键）。

8）当激光器面板出现"HV READY"字样时，上高压。

9）当激光器操作面板出现"HV START"字样时，激光器红色指示灯亮，数控系统右上角先前显示的"LASER H-VOLTAGE NOT READY"报警消失，表明高压正常，激光器进入待命工作状态。

10）切割前确认材料种类，材料厚度，材料大小。

注意：必须检查所有切割头是否正确，切割非金属材料必须使用接触式切割头（加非金属检测环)。

11) 调整板材,使其边缘和机床 X 轴和 Y 轴平行,避免切割头在板材范围外工作。

12) 将 Z 轴移动到起割起点,模拟要执行的程序,确保不会出现超出软限位警报,进入编辑方式,根据材料种类和厚度,调节功率、速度、打孔时间。

13) 若要切割碳钢板,在手动方式下选择氧气,调节气压表为切割所需压力值。然后检查焦点位置,执行同轴检查程序,确保激光光束通过喷嘴中心,Z 轴随动到板材表面,调整确定喷嘴距板面距离(调节控制盒电位器)。

14) 待以上各项正常,才能切换到执行状态,进行工件的切割。

15) 如切割过程中出现挂渣、返渣或其他异常情况,应立刻暂停,查明原因,问题解决后再继续切割,以免损坏设备。

16) 工作完毕,按以下顺序关机:

(1) 关激光器高压。

(2) 在激光器面板关低压。

(3) 断开激光器总电源。

(4) 关冷水机组。

(5) 断开机床控制电源(钥匙开关),断开机床总电源开关(OFF)。

(6) 关冷干机。

(7) 关空压机。

(8) 关闭氮气和氧气阀。

17) 断开稳压电源。

四、3D 打印机安全操作规程

1) 操作者在上岗操作前必须经过培训,必须熟悉设备的结构、性能和工作原理;熟悉设备基本操作和基本配置情况,合格后方可上岗。

2) 操作者在上岗操作前必须穿戴好劳动防护用品。

3) 班前检查上一班次设备交接班记录。

4) 开机前要保证打印机放置平稳,电源接通可靠。

5) 打印机上不能放置其他物品,以免损伤打印机,发生事故。

6) 换丝前要加热充分后轻松拉出,不能在未加热充分的情况下硬拉。以免损坏打印机。

7) 打印机是发热设备,打印过程要有人监看,以免乱丝后无人处理损坏打印机,甚至出现故障后无人处理,引起火灾。

8) 乱丝后要根据其乱丝程度,暂停修复或者停止后清理干净重新打印。

9) 加工过程中请勿频繁打开成型室门,禁止将头、手或身体其他部位伸入成型室内。

10) 加工过程中或者刚结束加工时,成型室处于高温状态,禁止身体任何部位触碰。

11）成型室内任何位置，至少应待温度降低至50℃以下时再进行取件清理等操作。

12）发热异常，要及时关闭打印机，关闭电源，关闭总闸。如引起火情，要及时关闭总闸，拨打119报警电话，用沙和二氧化碳灭火器灭火。

13）禁止带电检修设备。

14）打印结束必须关闭电源总闸，清理工具，待工作面冷却接近常温后，再清理打印机，打扫工作场地。

任务练习

一、填空题

1. 车床开动前，必须按照安全操作的要求，正确穿戴好劳动_____。袖口____，上衣下摆不能敞开，严禁戴_____。

2. 车削前必须夹紧_____与_____，并紧固好_____。

3. 刀具装卸时，应保持铣刀_____部分和_____的清洁，并要装夹牢固。

4. 激光切割机打开氮气瓶、氧气瓶，检查_____，启动_____、_____。

二、判断题

1. 不准使用无柄锉刀，使用锉刀时，左手在前右手在后。（　　）

2. 刀杆、拉杆、夹头和刀具要在开机前装好并拧紧，不得利用主轴转动来帮助装卸。（　　）

3. 激光切割机冷水机组散热片要定期进行清理，避免灰尘过多影响工作，水箱内的蒸馏水五个月更换一次，不可使用自来水或纯净水。（　　）

4. 3D打印机在使用过程中如发热异常，要及时关闭打印机，关闭电源，关闭总闸。（　　）

任务拓展

阅读材料——数控加工中心安全操作规程

1）工作前，必须按照安全操作的要求，正确穿戴好劳动保护用品。袖口扣紧，上衣下摆不能敞开，严禁戴手套。长发者必须戴好安全帽，长发应放入帽内。

2）操作者每天工作前先看交接班记录，再检查有无异常现象后，观察机床的自动润滑油箱、油液是否充足，然后再手动操作加几次油。

3）接通电源：在接入电源时，应当先接通机床主电源，再接通CNC电源；但切断电源时按相反顺序操作。

4) 如果电源出现故障时,应当立即切断主电源。

5) 检查全部压力表所表示的压力值是否正常。

6) 机床投入运行前,应按操作说明书叙述的操作步骤,检查全部控制功能是否正常,如果有问题则排除后再工作。

7) 使用机床时,应注意机床各个部位警示牌上所警示的内容。

8) 机床主轴运转过程中,务必关上机床的防护门,关门时务必注意手的安全,避免造成伤害。

9) 刀具装夹完毕后,应当采用手动方式进行试切。

10) 机床运转过程中,不要清除切屑,要避免用手接触机床运动部件。

11) 机床在通电状态时,操作者千万不要打开和接触机床上示有闪电符号、装有强电装置的部位,以防被电击伤。

12) 测量工件时,必须在机床停止状态下进行。

13) 工作结束后,应切断主电源。

任务三　维护保养机械设备

机械加工生产过程的连续性,主要靠机械设备的正常运转来保持,只有加强设备维护保养,才能减少设备磨损,使设备长时间处于良好的工作状态中,保证生产稳定运行,为企业创造更多的经济效益。作为机械设备的使用者,每一位学生都应掌握机械设备的运行状况,爱护设备,对设备进行日常维护和保养,培养学生精益求精的精神和严谨的工作作风,以保证设备正常稳定运行。

任务目标

1. 掌握机电设备维护的重要性;
2. 知道机电设备维护的四项要求;
3. 掌握设备维护的三级保养制的内容;
4. 知道精、大、稀设备的使用维护要求;
5. 培养学生精益求精的精神和严谨的工作作风。

项目一 机械加工安全及设备

任务描述

本任务主要介绍机电设备维护的重要性，机电设备维护的四项要求，设备维护的三级保养制的内容，精、大、稀设备的使用维护要求。通过学习本任务，要求学生在机械加工过程中，能严格按照机电设备维护保养要求，正确进行机电设备的维护保养。

知识链接

一、设备的维护保养

通过擦拭、清扫、润滑、调整等一系列方法对设备进行护理，以维持和保护设备的性能和技术状况，称为设备维护保养。

（一）设备维护保养的要求

1) 清洁：设备内外整洁，各滑动面、丝杠、齿条、齿轮箱、油孔等处无油污，各部位不漏油、不漏气，设备周围的切屑、杂物、脏物要清扫干净；

2) 整齐：工具、附件、工件（产品）要放置整齐，管道、线路要有条理；

3) 润滑良好：按时加油或换油，不断油，无干摩现象，油压正常，油标明亮，油路畅通，油质符合要求，油枪、油杯、油毡清洁；

4) 安全：遵守安全操作规程，不超负荷使用设备，设备的安全防护装置齐全可靠，及时消除不安全因素。

（二）设备维护保养的内容

设备的维护保养内容一般包括日常维护、定期维护、定期检查和精度检查，设备润滑和冷却系统维护也是设备维护保养的一个重要内容。普通车床维护保养内容及要求如表1-3-1所示，普通铣床维护保养内容及要求如表1-3-2所示。

表1-3-1 普通车床维护保养内容及要求

序号	保养部位	保养内容及要求
一	外表	1. 清洗机床外表及各罩盖，保持内外清洁，无锈蚀，无黄斑。 2. 清洗各丝杠、光杠和操作手柄。 3. 检查并修补螺钉、手球、手柄、油杯等
二	床头箱	1. 检查主轴并帽、螺丝有无松动，定位螺丝调整适当。 2. 调整摩擦片间隙及制动器

续表

序号	保养部位	保养内容及要求
三	刀架及溜板	1. 清洗刀架，调整中小拖板斜铁间隙至 0.02~0.06mm 之间。 2. 清洗各油孔、毡垫。 3. 调节横向丝杠间隙，刻度盘空转量允许 $\frac{1}{20}$
四	挂轮箱	1. 各部位清洁。毛线、毡垫及黄油杯等均应无铁屑及其他杂物。 2. 检查和调整齿轮啮合间隙在 0.25~0.4mm 之间。 3. 轴套无晃动现象
五	尾座	拆洗尾座，去除套筒外表及锥孔毛刺，保持内外清洁
六	润滑及冷却	1. 清洗过滤器、冷却泵、冷却槽。 2. 油路畅通，油孔、油线、油毡清洁无铁屑。 3. 检查油质，保持良好，油杯齐全，油窗明亮
七	电器	1. 清理积油及灰尘。 2. 由电工检查各电器接触点，接线要牢固

表 1-3-2　普通铣床维护保养内容及要求

序号	保养部位	保养内容及要求
一	外表	1. 机床外表清洁及保持各罩盖内外清洁，无锈蚀、无黄斑。 2. 清洗各部丝杠。 3. 检查修补螺钉、手球、手柄、油杯等
二	主轴箱	1. 清洗滤油器，润滑油应无油泥及铁屑，油窗明亮。 2. 各变速手柄定位牢靠
三	工作台	1. 工作台各部分进行清洁。 2. 调整丝杠螺母间隙及轴向窜动量。 3. 调整导轨斜铁的间隙在 0.03~0.06mm 之间。 4. 清洗手压油泵和油毡，保持清洁
四	进给箱	1. 润滑油中应无杂物及铁屑，保持油路畅通，油窗明亮。 2. 各变速手柄应定位牢靠。 3. 调整摩擦片间隙
五	冷却	1. 清洗过滤网、冷却液槽，无沉淀、无铁屑杂物。 2. 各部分管道应畅通，固定要牢固。 3. 根据情况调换冷却液
六	附件	应擦拭清洁，无锈蚀，放置整齐
七	电器	1. 清洁无油污和灰尘。 2. 电器限位装置安全可靠

设备的日常维护保养是设备维护的基础工作，必须做到制度化和规范化。对设备的定期

维护保养工作要制订工作定额和物资消耗定额，并按定额进行考核，设备定期维护保养工作应纳入车间承包责任制的考核内容。设备定期检查是一种有计划的预防性检查，检查的手段除人的感官以外，还要有一定的检查工具和仪器，按定期检查卡执行，定期检查又称为定期点检。对机械设备还应进行精度检查，以确定设备实际精度的优劣程度。

3. 设备维护规程

设备维护规程是对设备日常维护方面的要求和规定，坚持执行设备维护规程，可以延长设备使用寿命，保证安全、舒适的工作环境。其主要内容应包括：

1) 设备要达到整齐、清洁、坚固、润滑、防腐、安全等。作业内容、作业方法、使用的工器具及材料、达到的标准及注意事项。

2) 日常检查维护及定期检查的部位、方法和标准。

3) 检查和评定操作工人维护设备程度的内容和方法等。

二、设备的三级保养制

三级保养制是以操作者为主，对设备进行以保为主、保修并重的强制性维修制度。三级保养制是依靠群众、充分发挥群众的积极性，实行群管群修，专群结合，搞好设备维护保养的有效办法。三级保养制内容包括：设备的日常维护保养、一级保养和二级保养。

（一）设备的日常维护保养

设备的日常维护保养，一般有日保养和周保养，又称日例保和周例保。

1. 日例保

日例保由设备操作工人当班进行，认真做到班前四件事、班中五注意和班后四件事。

1) 班前四件事：消化图样资料，检查交接班记录；擦拭设备，按规定润滑加油；检查手柄位置和手动运转部位是否正确、灵活，安全装置是否可靠；低速运转检查传动是否正常，润滑、冷却是否畅通。

2) 班中五注意：注意运转声音，设备的温度、压力、液位、电气、液压、气压系统，仪表信号，安全保险是否正常。

3) 班后四件事：关闭开关，所有手柄放到零位；清除铁屑、脏物，擦净设备导轨面和滑动面上的油污，并加油；清扫工作场地，整理附件、工具；填写交接班记录和运转台账记录，办理交接班手续。

2. 周例保

周例保由设备操作工人在每周末进行，保养时间为：一般设备2h，精、大、稀设备4h。

1) 外观：擦净设备导轨、各传动部位及外露部分，清扫工作场地，达到内外洁净无死角、无锈蚀，周围环境整洁。

2) 操纵传动：检查各部位的技术状况，紧固松动部位，调整配合间隙。检查互锁、保险装置。达到传动声音正常、安全可靠。

3）液压润滑：清洗油线、防尘毡、滤油器，油箱添加油或换油。检查液压系统，达到油质清洁，油路畅通，无渗漏，无研伤。

4）电气系统：擦拭电动机、蛇皮管表面，检查绝缘、接地，达到完整、清洁、可靠。

（二）一级保养

1）设备累计使用500h要进行一次一级保养，以操作工人为主、机修工人配合，按规定内容进行保养。一级保养所用时间为4~8h，一级保养完工后由设备科验收，填写保养记录，并作为修理考核指标。设备一级保养记录如表1-3-3所示。

表1-3-3 设备一级保养记录

年　　月　　日

设备编号		设备名称		设备型号	
保养时间			设备使用部门		
计划保养内容					
实际保养记录					
附件完整情况					

操作者/日期：　　　　　　　　　　　　　　　　　　　　　　　　部门设备员/日期：

2）一级保养内容。

（1）根据设备的使用情况，进行部分解体检查。

（2）除进行例行保养内容外，对设备的各部位配合间隙进行适当的调整。

（3）各油毡、油线、滤油器及各种防屑装置进行清洗，要使管路畅通无阻，无泄漏。

3）一级保养的范围应是企业全部在用设备，对重点设备应严格执行。一级保养的主要目的是减少设备磨损，消除隐患、延长设备使用寿命，为完成到下次一保期间的生产任务，在设备方面提供保障。

(三) 二级保养

1) 设备累计运转 3 000h 进行一次二级保养，以维修工为主、操作工配合，进行包含修理内容的保养。二级保养要制订保养计划，在保养周期内严格按计划执行，基本完成过去修理的工作量。二级保养完工后，由设备管理科验收评定，填写记录单。设备二级保养完工验收单如表 1-3-4 所示。二保的主要目的是使设备达到完好标准，提高和巩固设备完好率，延长大修周期。

表 1-3-4 设备二级保养完工验收单

年　　月　　日

设备编号		设备名称		设备型号	
计划时间		实施时间		使用部门	
计划保养标准					
实施保养内容					
质量情况					
附件完整情况					

修理人/日期：　　　　　　　　　　　　　　　　　　　　　　　　　　　　　验收人/日期：

2) 二级保养内容。

（1）全部完成一级保养规定的内容。

（2）根据设备的使用情况，进行全部或部分解体、检查、保养。

(3) 更换或修复磨损零件，并给下次二级保养或大修理做好备件资料准备。

(4) 所有油箱、水箱、齿轮彻底清洗、换水、换油。

(5) 刮研修理部分小的滑动面和基准面。校正安装水平，检验测量主要精度和项目。

(6) 所有电动机进行清扫，换油，全部检查，配电线路达到整齐、安全、可靠。

(7) 除已列入大修计划的设备外，二级保养后的设备都要达到完好设备要求。

实行"三级保养制"，必须使操作工人对设备做到"三好""四会""四项要求"并遵守"五项纪律"。三级保养制突出了维护保养在设备管理与计划检修工作中的地位，把对操作工人"三好""四会"的要求更加具体化，提高了操作工人维护设备的知识和技能。三级保养制的贯彻实施，有效地提高了企业设备的完好率，降低了设备故障率，延长了设备大修周期、降低了设备大修费用，取得了较好的经济效益。

三、精、大、稀设备的使用维护要求

（一）四定工作

1）定使用人员。按定人定机制度，精、大、稀设备操作工人应选择本工种中责任心强、技术水平高和实践经验丰富者，并尽可能保持较长时间的相对稳定。

2）定检修人员。精、大、稀设备较多的企业，根据本企业条件，可组织精、大、稀设备专业维修或修理组，专门负责对精、大、稀设备的检查、精度调整、维护、修理。

3）定操作规程。精、大、稀设备应分机型逐台编制操作规程，加以显示并严格执行。

4）定备品配件。根据各种精、大、稀设备在企业生产中的作用及备件来源情况，确定储备定额，并优先解决。

（二）精密设备使用维护要求

1）必须严格按说明书规定安装设备。

2）对环境有特殊要求的设备（恒温、恒湿、防震、防尘）企业应采取相应措施，确保设备精度性能。

3）设备在日常维护保养中，不许拆卸零部件，发现异常立即停车，不允许带病运转。

4）严格执行设备说明书规定的切削规范要求，只允许按直接用途进行零件精加工。加工余量应尽可能小。加工铸件时，毛坯面应预先喷砂或涂漆。

5）非工作时间应加防护罩，长时间停歇时，应定期进行擦拭、润滑、空运转。

6）附件和专用工具应有专用柜架搁置，保持清洁，防止碰伤，不得外借。

四、动力设备的使用维护要求

动力设备是企业的关键设备，在运行中有高温、高压、易燃、有毒等危险因素；动力设备是保证安全生产的要害部位，为连续稳定生产，提供所需的动能，为此对动力设备的使用

维护应有特殊要求：

1）运行操作人员必须事先培训并经过考试合格。

2）必须有完整的技术资料、安全运行技术规程和运行记录。

3）运行人员在值班期间应随时进行巡回检查，不得随意离开工作岗位。

4）在运行过程中遇有不正常情况时，值班人员应根据操作规程紧急处理，并及时报告上级。

5）保证各种指示仪表和安全装置灵敏准确，定期校验。备用设备完整可靠。

6）动力设备不得带病运转，任何一处发生故障都必须及时消除。

7）定期进行预防性试验和季节性检查。

8）经常对值班人员进行安全教育，严格执行安全保卫制度。

五、提高设备维护水平的措施

为提高设备维护水平应使维护工作做到三化，即规范化、工艺化、制度化。

1）规范化就是使维护内容统一，哪些部位该清洗、哪些零件该调整、哪些装置该检查，要根据各企业情况按客观规律加以统一考虑和规定。

2）工艺化就是根据不同设备制订各项维护工艺规程，按规程进行维护。

3）制度化就是根据不同设备不同工作条件，规定不同维护周期和维护时间，并严格执行。对定期维护工作，要制订工时定额和物质消耗定额，并按定额进行考核。设备维护工作应结合企业生产经济承包责任制进行考核。同时，企业还应发动群众开展专群结合的设备维护工作，进行自检、互检，开展设备大检查。

任务练习

一、填空题

1. 通过_____、_____、_____、_____等一系列方法对设备进行护理，以维持和保护设备的性能和_____，称为设备维护保养。

2. 设备的维护保养内容一般包括_____、_____、_____和精度检查，设备润滑和冷却系统维护也是设备维护保养的一个重要内容。

3. 一级保养是以_____为主，_____协助，按计划对设备局部拆卸和检查，清洗规定的部位，疏通_____、_____，更换或清洗油线、毛毡、滤油器，调整设备各部位的配合间隙，紧固设备的各个部位。

4. 二级保养是以_____为主，_____参加来完成。

5. 实行"三级保养制"，必须使操作工人对设备做到"____""____""____"并遵守"____"。

二、选择题

1. 一级保养所用时间为（　　）h，一保完成后应做记录并注明尚未清除的缺陷，车间机械员组织验收。

A. 2~5　　　　　　　B. 3~6　　　　　　　C. 4~8

2. 二级保养所用时间为（　　）天左右。

A. 6　　　　　　　　B. 7　　　　　　　　C. 8

三、简答题

1. 日常保养班前四件事指的是哪四件？
2. 精、大、稀设备的使用维护"四定工作"指的是哪些？
3. 对动力设备的使用维护应有哪些特殊要求？

任务拓展

阅读材料——普通平面磨床维护保养内容及要求

普通平面磨床维护保养内容及要求见表1-3-5所示。

表1-3-5　普通平面磨床维护保养内容及要求

序号	保养部位	保养内容及要求
一	外表	1. 清洗机床外表，无锈蚀、无黄斑。 2. 拆卸有关防护盖板，进行清洗，做到清洁，固定牢。 3. 检查、补齐手柄、手球、螺丝、螺帽
二	磨头及砂轮座	1. 拆开磨头砂轮架罩壳，检查电动机及其他螺钉、螺帽是否松动，并擦洗干净。 2. 拆洗导轨油垫毡，检查砂轮架导轨有无拉痕及毛刺，予以修理
三	液压及润滑	1. 清洗滤油网，要求无油污及杂物，保持油质良好，油路畅通，油管固定牢靠，油窗明亮。 2. 检查、调整液压系统，保持运行正常
四	冷却及其他	1. 拆洗冷却泵、过滤网及冷却箱，要求无杂物、铁屑，做到管路畅通，固定整齐，无漏水现象。 2. 清洗附件，做到清洁、整齐、无锈迹。 3. 检查电磁工作台的吸力，如达不到要求，应由电工及时修复
五	电器	1. 元件及接触点，线路应安全可靠。 2. 清洗电器外表面

项目一 机械加工安全及设备

任务四 认识金属切削机床

金属切削加工是用刀具从工件上切除多余材料,获得形状、尺寸精度及表面质量等符合图纸要求零件的加工过程。多余材料的去除是由金属切削机床来完成。金属切削机床是指用切削的方法将金属毛坯加工成机械零件的设备,是制造机器的机器,所以又称为"工作机"或"工作母机",习惯上简称为"机床",如图1-4-1所示。通过本任务的学习,培养学生勤学肯钻的敬业精神,提高学生自主学习能力和知识迁移能力,能根据不同的机床型号说出机床类型及各参数表示的含义。

图1-4-1 金属切削机床

任务目标

1. 了解金属切削机床的分类方法;
2. 掌握机床型号的编制方法;
3. 会识读通用机床的型号;
4. 培养学生自主学习能力,能根据机床型号说出机床类型,培养学生勤学肯钻的敬业精神。

任务描述

通过本任务的学习，要求学生能根据金属切削机床的分类方法，说出学校机械加工车间机床的类型，并能根据不同的机床型号说出机床类型及各参数表示的含义。

知识链接

一、金属切削机床的切削条件

金属切削机床要加工出形状、尺寸精度及表面质量等符合要求的零件。实现这一切削过程应具备以下三个条件。

1) 工件与刀具之间要有相对运动，即切削运动。
2) 刀具材料必须具备一定的切削性能。
3) 刀具必须具有适当的几何参数，即切削角度等。

金属切削加工过程是通过机床或手持工具来进行切削加工的，其主要方法有车、铣、刨、磨、钻、镗、锯、锉、刮、研、铰孔、攻螺纹、齿轮加工、套螺纹等。其形式虽然多种多样，但它们有很多方面都有着共同的现象和规律，这些现象和规律是学习各种切削加工方法的共同基础。

二、金属切削机床的分类

金属切削机床分类方法很多，最常用的分类方法是按机床的加工性质和所用刀具来分类；此外还可以根据车床万能性程度、机床工作精度、重量和尺寸、机床主要部件的数目、自动化程度不同等进行分类。

1. 按加工性质和所用刀具的不同分类

根据我国机床的型号编制方法，目前将机床分为车床、钻床、镗床、磨床、齿轮加工机床、螺纹加工机床、刨插床、拉床、锯床、特种加工机床及其他机床12类。在每一类机床中，又按加工工艺范围、布局形式和机构等的不同，分为10组，每一组又分为若干系。

2. 按机床通用性程度分类

可分为通用（万能）机床、专门化机床和专用机床。

1) 通用机床：可用于加工多种零件的不同工序，加工范围较广，通用性较大，但结构比较复杂。这种机床主要适用于单件、小批生产，如卧式车床、万能升降台铣床、万能外圆磨床及摇臂钻床等。

2) 专门化机床：这类机床的加工工艺范围较窄，它是为加工某种零件或某种工序而专门设计和制造的，如曲轴机床、齿轮机床、丝杠铣床等。

3) 专用机床：这类机床的加工工艺范围最窄，它一般是用于加工某一类零件的某一道特定工序而设计制造的，适用于大批量生产。如大量生产的汽车零件所用的各种钻、镗组合机

项目一 机械加工安全及设备

床，加工机床主轴箱的专用镗床、加工车床导轨的专用磨床等。

3. 按加工精度的不同分类

同类型机床按照加工精度的不同可分为普通机床、精密机床和高精度机床。

4. 按机床的质量和尺寸不同

可分为仪表机床、中小型机床、大型机床（10～30t）、重型机床（30～100t）、超重型机床（>100t）。

5. 按机床自动化程度

机床还可以根据自动化程度的不同，分为手动机床、机动机床、半自动机床和自动机床。

6. 按主要工作部件的数目分类

可分为单轴机床、多轴机床、单刀机床和多刀机床。

通常，机床根据加工性质进行分类，再根据其某些特点进一步描述，如多刀半自动车床，精度外圆磨床等。

三、机床型号的编制方法

1. 通用机床型号的编制方法

通用机床型号的编制方法，如图1-4-2所示。

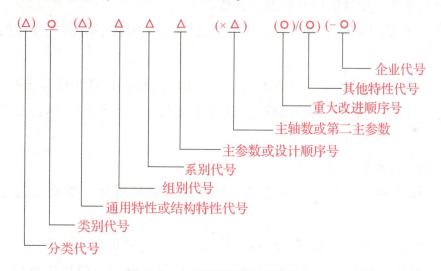

图1-4-2 通用机床型号的编制

1）机床类别代号。

机床类别代号用大写汉语拼音声母的第一个字母表示，具体见表1-4-1。在机床的各分类中磨床有三个分类，分别是M、2M、3M，其他类机床无分类。

表1-4-1 机床类别代号

类别	车床	铣床	刨插床	钻床	拉床	镗床	磨床			齿轮加工机床	螺纹加工机床	特种加工机床	锯床	其他机床
代号	C	X	B	Z	L	T	M	2M	3M	Y	S	D	G	Q
读音	车	铣	刨	钻	拉	镗	磨	二磨	三磨	牙	丝	电	割	其

2）机床的特性代号（见表1-4-2）。

表1-4-2　机床的特性代号

通用特性	高精度	精密	自动	半自动	数控	加工中心（自动换刀）	仿型	轻型	加重型	简式或经济型	柔性加工单元	数显	高速
代号	G	M	Z	B	K	H	F	Q	C	J	R	X	S
读音	高	密	自	半	控	换	仿	轻	重	简	柔	显	速

3）结构特性代号。

为了区别主参数相同而结构不同的机床，在型号中用汉语拼音字母区分。

例如CA6140型普通车床型号中的"A"，可理解为CA6140型普通车床在结构上区别于C6140型普通车床。

4）机床的组别，系别代号。

用两位阿拉伯数字表示，前者表示组，后者表示系。每类机床划分为10个组，每个组又划分为10个系。在同一类机床中，凡主要布局或使用范围基本相同的机床，即为同一组。凡在同一组机床中，若其主参数相同、主要结构及布局型式相同的机床，即为同一系。

5）机床的主参数、设计顺序号和第二参数。

机床主参数：代表机床规格的大小，在机床型号中，用数字给出主参数的折算数值（1/10或1/150）。

设计顺序号：当无法用一个主参数表示时，则在型号中用设计顺序号表示。

第二参数：一般是主轴数、最大跨距、最大工作长度、工作台工作面长度等，它也用折算值表示。

6）机床的重大改进顺序号。

当机床性能和结构布局有重大改进时，在原机床型号尾部，加重大改进顺序号A、B、C……等。

7）其他特性代号：用汉语拼音字母或阿拉伯数字或二者的组合来表示。主要用以反映各类机床的特性，如对数控机床，可反映不同的数控系统；对于一般机床可反映同一型号机床的变型等。

8）企业代号：生产单位为机床厂时，由机床厂所在城市名称的大写汉语拼音字母及该厂在该城市建立的先后顺序号，或机床厂名称的大写汉语拼音字母表示。

2. 通用机床的型号编制举例

1）B6065：

B——机床类别代号（刨床类）；

6——组别代号（牛头刨床组）；

0——型别代号（牛头刨床型）；

65——主要参数（最大刨削长度的1/10，即最大刨削长度为650mm）。

2）B2012A：

B——机床类别代号（刨床类）；

2——组别代号（龙门刨床组）；

0——型别代号（龙门刨床型）；

12——主要参数（最大刨削宽度的1/100，即最大刨削宽度为1200mm）；

A——该型号的机床经过一次重大改进。

3）M1432C：

M——机床类别代号（磨床类）；

14——组别代号（万能外圆）；

32——主要参数（最大磨削外圆直径为320毫米）；

C——工厂进行改进的序号（经过第三次重大改进）。

4）C6132：

C——机床类别代号（车床类）；

6——组别代号（普通车床组）；

1——型别代号（普通车床型）；

32——主要参数（可加工工件的最大直径的1/10，即最大加工直径为320mm）。

5）CJK6140：

CJK——数控车床（C表示车床，J表示经济型，K数控）；

6——卧式车床组；

1——表示卧式车床系；

40——主要参数（可加工工件的最大直径的1/10，即最大加工直径为400mm）。

6）XKA5032A：

X——机床类别代号（铣床类）；

K——通用特性代号（数控）；

A——结构特性代号；

50——组别代号（立式升降台铣床）；

32——主参数代号（为工作台面宽度的1/10，即工作台面宽度为320mm）；

A——重大改进序号（第一次重大改进）。

任务练习

一、填空题

1. 金属切削机床是指用切削的方法将金属_____加工成_____的设备，是制造机器的机器，所以又称为"_____"或"工作母机"，习惯上简称为"_____"。

2. 同类型机床按照加工精度的不同可分为_____、_____和_____。

3. 机床还可以根据自动化程度的不同，分为_____、_____、_____和_____。
4. 机床类别代号用大写_____声母_____表示。

二、选择题

1.（   ）可用于加工多种零件的不同工序，加工范围较广，通用性较大，但结构比较复杂。

   A. 专门化机床   B. 通用机床   C. 专用机床

2.（   ）这类机床的加工工艺范围较窄，它是为加工某种零件或某种工序而专门设计和制造的。

   A. 专门化机床   B. 通用机床   C. 专用机床

3.（   ）这类机床的加工工艺范围最窄，它一般是为加工某一类零件的某一道特定工序而设计制造的，适用于大批量生产。

   A. 专门化机床   B. 通用机床   C. 专用机床

三、识读通用机床的型号

B2012A   C6132   CJK6140   XKA5032A

四、简答题

1. 实现金属切削过程应具备哪些条件？
2. 按机床通用性程度可以将机床分为哪些类？

任务拓展

阅读材料——智能制造

一、概述

智能制造（Intelligent Manufacturing，IM）是一种由智能机器和人类专家共同组成的人机一体化智能系统，它在制造过程中能进行智能活动，诸如分析、推理、判断、构思和决策等。通过人与智能机器的合作共事，去扩大、延伸和部分地取代人类专家在制造过程中的脑力劳动。它把制造自动化的概念更新，扩展到柔性化、智能化和高度集成化。

二、智能数控机床

（一）智能数控机床

智能机床指的是以人为核心，充分发挥相关机器的辅助作用，在一定程度上科学合理地应用智能决策、智能执行以及自动感知等方式。智能机床能对其自身的职能监测、调节、自动感知以及最终决策加以科学合理的辅助，确保整个加工制造过程趋向于高效运行，最终实现低耗以及优质等目标。智能机床借助温度、加速度和位移等传感器监测机床工作状态和环境的变化，实时进行调节和控制，优化切削参数，抑制或消除振动，补偿热变形，充分发挥机床的潜力,是基于模型的闭环制造系统,如图1-4-3所示。

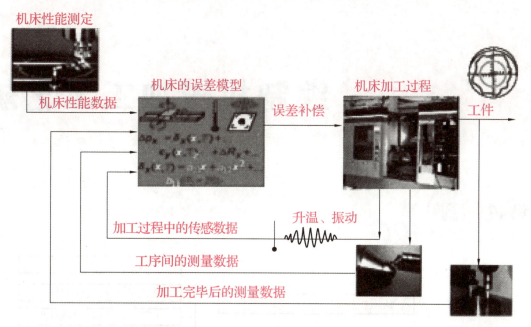

图1-4-3 基于模型的闭环制造系统

智能机床的另一特征是网络通信,它是工厂网络的一个节点,可实现机床之间和车间管理系统的相互通信,提高生产系统效率和效益。它是从加工设备进化到工厂网络的终端,生产数据能够自动采集,实现机床与机床、机床与各级管理系统的实时通信,使生产透明化,机床融入企业的组织和管理。

(二)智能机床关键技术

1. 智能数控技术

机床最关键的部位就是智能数控技术,主要包含数据采集以及开放式数控系统架构等技术。较为常见的开放式数控系统架构往往是遵循开放性原则,科学合理地对相关数控系统加以开发,在机床中将其合理应用,其自身具有扩展性、互换性以及操作性等显著优势。

2. 大数据采集以及分析技术

从目前智能数控机床技术的实际发展情况来看,要想不断优化大数据分析过程,首先要确保相关数据实现可视化,在一定程度上确保数据分析能够实现科学合理,最终为相应的决策提供可靠性依据,目前很多数控系统往往是将数据采集接口装置加以合理应用,为相关数据信息的真实性以及有效性提供可靠性保障。另外,科学合理地使用大数据采集以及分析技术能确保相关数据实现智能化管理,在获取相应的制造数据后,在此基础上让整个加工过程以及相关数据形成科学合理的联系,最大化减少人为因素的影响,对加工效率造成直接影响,同时在一定程度上确保相关数据的管理实现人工智能化,推动我国机械制造业实现可持续发展战略目标。

项目二

编制机械加工工艺规程

知识树

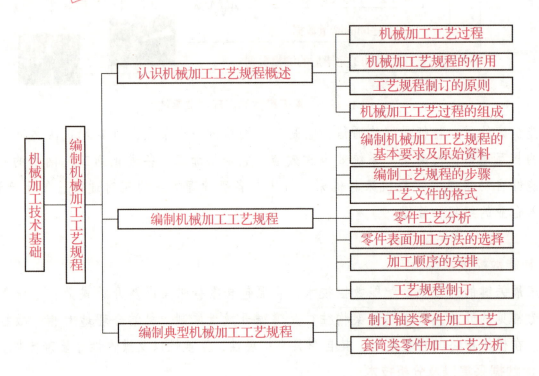

任务一　认识机械加工工艺规程

机械加工工艺规程是指在机械产品的生产中，用来规定产品或零件机械加工工艺过程和操作方法等的工艺文件。它是在具体的生产条件下，把较为合理的工艺过程和操作方法，按照规定的形式书写成工艺文件，经审批后用来指导生产。工艺规程一旦确定，有关人员就必须严格按照既定的工艺规程进行生产。学生通过对零件缜密和耐心的工艺编制，培养学生精益求精的工匠精神，引导学生树立正确的劳动观、价值观。

任务目标

掌握机械加工工艺规程的作用；
了解工艺规程制订的原则；
了解机械加工工艺过程的组成；
培养学生树立正确的劳动观、价值观。

任务描述

本任务主要介绍机械加工工艺规程的作用、制订原则及机械加工工艺过程的组成。通过本任务的学习，让学生对机械加工工艺过程有一定的认识，知道机械加工工艺规程在指导生产中的作用，为后续学习机械加工工艺规程编制做准备。

知识链接

一、机械加工工艺过程

1. 工艺过程

工艺过程是指在生产过程中改变生产对象的形状、尺寸、相对位置和性质等，使其成为成品或半成品的过程。如毛坯的制造、机械加工、热处理、装配等均为工艺过程。

2. 机械加工工艺过程

用机械加工的方法（主要是切削加工方法）逐步改变生产对象的形状、尺寸和表面质量，使之成为合格零件的工艺过程，称为机械加工工艺过程。

二、机械加工工艺规程的作用

1. 指导生产的重要技术文件

工艺规程是依据工艺学原理和工艺试验，经过生产验证而确定的，是科学技术和生产经验的结晶。所以，它是获得合格产品的技术保证，是指导企业生产活动的重要文件。正因为这样，在生产中必须遵守工艺规程，否则常常会引起产品质量的严重下降，生产效率显著降低，甚至造成废品。工艺规程也不是固定不变的，工艺人员应总结工人的革新技术，根据生产实际情况，及时汲取国内外先进的工艺技术，对现行工艺不断地进行改进和完善，但必须要有严格的审批手续。

2. 生产组织和生产准备工作的依据

生产计划的制订，产品投产前原材料和毛坯的供应，工艺装备的设计、制造与采购，机床负荷的调整，作业计划的编排，劳动力的组织，工时定额的制订以及成本的核算等，都是以工艺规程作为基本依据的。

3. 新建和扩建工厂（车间）的技术依据

在新建和扩建工厂（车间）时，生产所需要的机床和其他设备的种类、数量和规格，车间的面积，机床的布置，生产工人的工种、技术等级及数量，辅助部门的安排等都是以工艺规程为基础，根据生产类型来确定。除此以外，先进的工艺规程也起着推广和交流先进经验的作用，典型工艺规程可指导同类产品的生产。

三、工艺规程制订的原则

工艺规程制订的原则是优质、高产和低成本，即在保证产品质量的前提下，在充分利用现有生产条件的基础上，尽可能采用先进的技术和经验，提高生产率，争取最好的经济效益。在具体制订时，还应注意下列问题：

1. 技术上的先进性

在制订工艺规程时，要了解国内外本行业工艺技术的发展，通过必要的工艺试验，尽可能采用先进适用的工艺和工艺装备。

2. 经济上的合理性

在一定的生产条件下，可能会出现几种能够保证零件技术要求的工艺方案。此时应通过成本核算或相互对比，选择经济上最合理的方案，使产品生产成本最低。

3. 良好的劳动条件及避免环境污染

在制订工艺规程时，要注意保证工人操作时有良好而安全的劳动条件。因此，在工艺方案上要尽量采取机械化或自动化措施，以减轻工人繁重的体力劳动。同时，要符合国家环境保护法的有关规定，避免环境污染。

产品质量、生产效率和经济性这三个方面有时相互矛盾，因此，合理的工艺规程应该处理好这些矛盾，体现这三者的统一。

四、机械加工工艺过程的组成

机械加工工艺过程是由一个或若干个按顺序排列的工序组成，而工序又可分为若干个安装、工位、工步和走刀，毛坯就是依次通过这些工序进行零件的加工，最终加工成为成品的。

1. 工序

工序是指一个或一组工人，在一个工作地点对一个或同时对几个工件所连续完成的那一部分工艺过程。区分工序的主要依据是工作地点（或设备）是否变动和完成的那部分工艺内容是否连续。

如图 2-1-1 所示的零件图，为了保证孔 1、孔 2 尺寸加工精度要求，需要对孔 1、孔 2 进行钻孔和铰孔加工，如果一批工件中，每个工件都是在同一台机床上依次先钻孔，然后再铰孔，则钻孔和铰孔就构成一个工序。如果将整批工件都是先进行钻孔，然后整批工件再进行铰孔，这样钻孔和铰孔就分成两个工序了。

工序不仅是组成工艺过程的基本单元，也是制订定额工时、配备工人、安排作业和进行质量检验的依据。通常把仅列出主要工序名称的简略工艺过程称为工艺路线。

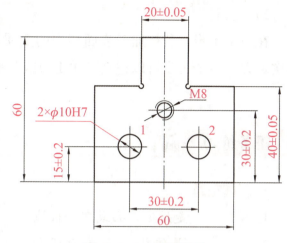

图 2-1-1　凸形零件

2. 安装与工位

工件在加工前，在机床或夹具上先占据一定位置（定位），然后再夹紧工件的过程称为装夹。工件（或装配单元）经一次装夹后所完成的那一部分工艺称为安装。在一道工序中可以有一个或多个安装。工件加工中应尽量减少装夹次数，因为多一次装夹就多一次装夹误差，而且增加了辅助时间。因此生产中常用各种回转工作台、回转夹具或移动夹具等，以便在工件一次装夹后，可使其处于不同的位置加工。为完成一定的工序，一次装夹工件后，工件（或装配单元）与夹具或设备的可动部分一起相对刀具或设备固定部分所占据的每一个位置，称为工位。图 2-1-2 所示为一种利用回转工作台在一次装夹后顺序完成装卸工件、钻孔，扩孔和铰孔四个工位加工。

图 2-1-2　回转工作台装夹工件

3. 工步与走刀

1）工步。

工步是指被加工表面（或装配时的连接表面）和切削（或装配）工具不变的情况下所连续完成的那一部分工序。一个工序可以包括几个工步，也可以只有一个工步。一般来说，构成工步的任一要素（加工表面、刀具及加工连续性）改变后，即成为一个新工步。但下面指出的情况应视为一个工步。

（1）对于那些一次装夹中连续进行的若干相同的工步应视为一个工步。如图 2-1-1 所示，两孔 1、2 的加工，可以作为一个工步。

（2）为了提高生产率，有时用几把刀具同时加工一个或几个表面，此时也应视为一个工步，称为复合工步。

2) 走刀。

在一个工步，若被加工表面切去的金属层很厚，需分几次切削，则每进行一次切削就是一次走刀。一个工步可以包括一次走刀或几次走刀。

任务练习

一、填空题

1. _____是规定产品或零件机械_____过程和_____方法等的工艺文件。
2. _____是依据工艺学原理和工艺试验，经过_____而确定的，是_____和_____的结晶。
3. 工艺规程制订的原则是_____、_____和_____，即在保证_____的前提下，充分利用现有_____的基础上，尽可能采用先进的技术和经验，提高生产率，争取最好的_____。
4. 生产过程是指把_____（半成品）转变为_____的全过程。
5. 机械加工工艺过程是由一个或若干个按顺序排列的_____组成，而工序又可分为若干个安装、工位、工步和走刀，毛坯就是依次通过这些工序进行_____的加工，最终加工成为_____的。

二、判断题

1. 在一道工序中可以有一个或多个安装。（   ）
2. 一个工序可以包括几个工步，不可以只有一个工步。（   ）
3. 一个工步可以包括一次走刀或几次走刀。（   ）
4. 工件加工中应尽量减少装夹次数，因为多一次装夹就多一次装夹误差，而且增加了辅助时间。（   ）

三、选择题

1. (   )是指一个或一组工人，在一个工作地点对一个或同时对几个工件所连续完成的那一部分工艺过程。
   A. 工序　　　　　B. 工位　　　　　C. 工步
2. (   )是指被加工表面（或装配时的连接表面）和切削（或装配）工具不变的情况下所连续完成的那一部分工序。
   A. 工序　　　　　B. 工位　　　　　C. 工步

四、简答题

1. 机械加工工艺规程的作用有哪些？
2. 工艺规程制订的原则有哪些？

阅读材料——智能切削技术

一、智能切削加工技术内涵

智能切削加工是基于切削理论建模及数字化制造技术，对切削过程进行预测及优化，在加工过程中采用先进的数据监测及处理技术，对加工过程中机床、工件、刀具的状态进行实时监测与特征提取，并结合理论知识与加工经验，通过人工智能技术，对加工状态进行判断，通过数据对比、分析、推理、决策、实时优化切削参数、刀具路径，调整自身状态，实现加工过程的智能控制，完成最优加工，获得理想的工件质量及加工效率。

二、智能切削加工流程

1. 整体工艺规划

在零件进行实际加工之前首先需要对零件的几何特征进行分析，综合考虑机床参数、工件参数、刀具参数与技术要求等，对零件的加工工艺进行规划，通过运用大数据技术结合以往理论知识与加工数据确定相应的加工参数与流程。

2. 基于仿真的切削过程预测与优化

在机床、刀具、切削参数选取之后，通过数控加工仿真、切削过程物理仿真、数值仿真等手段对切削过程进行仿真，在实际加工之前预测加工过程、机床、刀具、工件的状态变化情况。并通过优化算法对刀具路径，加工参数等进行优化，通过仿真分析使加工参数达到最优状态。

3. 加工过程在线监测与优化控制

加工过程的在线监测与优化是智能加工技术的核心技术，主要包括：在线监测模块、优化决策模块、实时控制模块，涉及在线监测、数据处理、特征提取、智能决策与优化、在线实时控制等多项技术。

4. 质量检测与判断

质量检测环节为加工的最后环节，通过对零件加工质量的在线监测，完成对零件几何外形轮廓、加工尺寸精度、表面质量等的检测，最终完成零件加工质量检测。

5. 智能加工中的数据处理

数据处理贯穿于智能加工的整个过程，加工中涉及的数据包括：机床、夹具、刀具、工件的基本参数数据、切削参数数据、加工过程中所测得的状态参数数据、优化参数数据、控制参数数据、检测数据等一系列数据。

任务二　编制机械加工工艺规程

机械加工车间生产规模的大小、人们工艺水平的高低以及解决各种工艺问题的方法和手段，都要通过工艺规程来体现。因此机械加工工艺规程的设计是一项重要而又严谨的工作，设计者必须具备丰富的生产实践经验和广博的机械制造工艺基础理论知识。通过工艺的编制，帮助学生理解加工过程，明确工序的合理安排，增强学生工艺编制能力，培养学生思虑周全、细致缜密的职业素养。

任务目标

掌握编制机械加工工艺规程的基本要求及原始资料；
了解编制工艺规程的步骤；
了解工艺文件的格式；
学会分析零件的工艺；
会拟定工艺路线并确定加工余量；
培养学生思虑周全、细致缜密的职业素养。

任务描述

本任务主要介绍编制机械加工工艺规程的基本要求及所需的原始资料，通过学习编制工艺规程的步骤、工艺文件的格式、分析零件的工艺、拟定工艺路线和确定加工余量，让学生对编制机械加工工艺规程有所了解，为学习任务三机械加工工艺编制实例做准备。

知识链接

一、编制机械加工工艺规程的基本要求及原始资料

1. 编制机械加工工艺规程的基本要求

1) 保证全部加工质量，可靠地达到产品图纸所提出的全部技术要求。
2) 要有合理的生产率，节约原材料，减少工时消耗，降低成本。

3）另外还要减轻工人劳动强度，保证安全及良好的工作条件。

2. 制订工艺规程的原始资料

编制机械加工工艺规程必须根据零件对象（零件形状结构、加工质量要求）、加工数量、毛坯材料性质和具体生产条件进行，为此在编制工艺规程前，应具备下列原始资料：

1）产品全套装配图和零件图。

2）产品验收的质量标准。

3）产品的生产纲领及生产批量（年产量）。

4）毛坯资料。

毛坯资料包括各种毛坯制造方法的技术经济特征，各种型材的品种和规格、毛坯图等；在无毛坯图的情况下，需实际了解毛坯的形状、尺寸及机械性能等。

5）制造厂的生产条件。

为了使制订的工艺规程切实可行，一定要考虑本厂的生产条件。例如了解毛坯的生产能力及技术水平、机床设备和工艺装备的规格及性能、工人技术水平以及专用设备与工艺装备的制造能力等。

6）国内外先进制造技术资料等。

工艺规程的制订，要经常研究国内外有关工艺技术资料，积极引进适用的先进工艺技术，不断提高工艺水平，以获得最大的经济效益。

7）工艺规程、工艺装备设计所用设计手册和有关标准。

二、编制工艺规程的步骤

在编制工艺规程的过程中，往往要对前面已初步确定的内容进行调整，以提高经济效益。在执行工艺规程过程中，可能会出现前所未有的情况，如生产条件的变化，新技术、新工艺的引进，新材料、先进设备的应用等，都要求及时对工艺规程进行修订和完善。

1）计算零件年生产纲领，确定生产类型。

2）分析零件图及产品装配图，对零件进行工艺分析。

3）选择毛坯，确定毛坯的类型和形状。

4）拟订工艺路线。这是制订工艺规程的核心，其主要内容是：选择零件表面的加工方法，划分加工阶段，安排加工顺序和工序组合等。

5）确定各工序的加工余量，计算工序尺寸及公差。

6）确定各工序所用的设备及刀具、夹具、量具和辅助工具。

7）确定切削用量及工时定额。

8）确定各主要工序的技术要求及检验方法。

9）填写工艺文件。

三、工艺文件的格式

将工艺规程的内容，填入一定格式的卡片中，作为生产准备和施工依据的工艺文件。常用的工艺文件格式有以下几种：

1. 机械加工工艺过程卡

机械加工工艺过程卡是以工序为单位，简要地列出整个零件加工所经过的工艺路线（包括毛坯制造、机械加工和热处理等），主要说明各工序的加工内容、加工车间、采用的设备及工装。它是制订其他工艺文件的基础，也是用来指导生产技术准备、编排作业计划和组织生产的依据。单件小批量时也可直接用以指导生产，如表2-2-1所示。

表2-2-1 机械加工工艺过程卡

××厂		工艺过程卡			零件图号		零件名称	
材料及牌名		毛坯种类		毛坯外形尺寸		每台件数		
车间名称	工序号	工序内容	设备或工种	夹具名称及图号	切削工具名称及图号	量具名称及图号	辅助工具名称	技术等级	单件时间/min	准备结束时间/min
更改内容										
编制		校对		审核		批准		

在这种卡片中，由于各工序的说明不够具体，故一般不能直接指导工人生产，而多用于生产管理方面使用。但是，在单件小批生产中，通常不编制其他较详细的工艺文件，而是以这种卡片指导生产。

2. 机械加工工艺卡

机械加工工艺卡是为某一工序阶段而编制的工艺文件。详细说明工序号、工序名称、工序内容、工艺参数、工时、所采用的设备及工装。它是用来指导工人生产和帮助车间管理人员和技术人员掌握整个零件加工过程的一种主要技术文件，广泛用于成批生产的零件和小批生产中的重要零件，如表2-2-2所示。

表 2-2-2　机械加工工艺卡

					厂名		机械加工工艺卡			
					车间					
					产品名称		零件号		零件名	
					材料		零件毛重			
					毛坯种类		零件净重			
					形状与尺寸		材料定额/kg			
							每台产品零件数			
工序号	工序或工步内容				工艺装备名称及编号				时间定额/min	
					设备	夹具	刀具	量具	辅具	单件时间	准备结束时间
	更改内容									
编制			校对				审核		批准	

3. 机械加工工序卡

机械加工工序卡比机械加工工艺卡更为详细，它是为每一道工序编制的一种工艺文件，除文字说明外，还有工序图对其加以说明，工序图说明的内容包括定位基准、装夹方法、工序尺寸及公差，用来具体指导工人的生产，如表2-2-3所示。

机械加工工序卡是根据机械加工工艺卡为每一道工序制订的。它更详细地说明整个零件各个工序的加工要求，是用来具体指导工人操作的工艺文件。在这种卡片上，要画出工序简图，注明该工序每一工步的加工内容、工艺参数、操作要求以及所用的设备和工艺装备。

工序简图就是按一定比例，用较小的投影绘出工序图，可略去图中的次要结构和线条，主视图方向尽量与零件在机床上的安装方向相一致，本工序的加工表面用粗实线或红色粗实线表示，零件的结构尺寸要与本工序加工后的情况相符合，并标注出本工序加工尺寸及上下极限偏差、加工表面粗糙度要求和工件的定位及夹紧情况。

表 2-2-3 机械加工工序卡

××厂	机械加工工序卡	产品名称及型号	零件名称	图号	工序名称	工序号	共 页
							第 页
(工序简图)			车间	工段	材料名称	材料	力学性能
			同时加工件数	技术等级		单件时间/min	准备结束时间/min
			设备名称	设备编号	夹具名称	夹具编号	切削液
			更改内容				
装夹号	工步号	装夹和工步内容	切削工具名称及编号		量具名称及编号		辅助工具名称及编号
编制			校对		审核		会签

4. 机械加工技术检查卡

技术检查卡是检查人员用的工艺文件。在卡片中详细填写检验项目、允许的偏差、检验方法和检具等，并附有零件检验简图。检查卡在大批量生产中普遍采用，而在中小批生产中，只对少数重要工序才编制检查卡，如表 2-2-4 所示。

表 2-2-4 机械加工技术检查卡

××车间	检查图表	型别	件号	件名	材料	硬度	工序名称	工序号	共 页
									第 页
(检验图)					项目	检验内容		量具	备注
					索引号				
					更改单号				
					签名日期				
					编制		校对		审核

四、零件工艺分析

在制订零件的机械加工工艺规程时，首先要对照产品装配图分析零件图，熟悉该产品的用途、性能及工作条件，明确零件在产品中的位置、作用及相关零件的位置关系。了解并研究各项技术条件制订的依据，找出其主要技术要求和技术关键，以便在拟定工艺规程时采用适当的措施加以保证。然后着重对零件进行结构和技术要求的分析。

（一）零件结构分析

零件的结构分析主要包括以下三方面：

1. 零件表面的组成和基本类型

组成零件的结构多种多样，从形体上加以分析，都是由一些基本表面和特形表面组成。基本表面有外圆柱表面、圆锥表面和平面等；特形表面主要有螺旋面、渐开线齿形表面、圆弧面（如球面）等。在分析零件结构时，要根据机械零件不同表面的组合形成零件结构的特点，选择与其相适应的加工方法和加工路线。外圆表面通常用车削或磨削加工；孔表面则通过钻、扩、铰、镗和磨削等加工方法获得。在机械制造中，通常按零件结构和工艺过程的相似性，将各类零件大致分为轴类零件、套类零件、箱体类零件、齿轮类零件和叉架类零件等。

2. 主要加工表面与次要加工表面区分

根据零件各加工表面要求的不同，可以将零件的加工表面划分为主要加工表面和次要加工表面。这样，就能在工艺路线拟定时，做到主次分开以保证主要加工表面的加工精度。

3. 零件的结构工艺性

所谓零件的结构工艺性是指零件在满足使用要求的前提下，制造该零件的可行性和经济性。功能相同的零件，其结构工艺性可以有很大差异。所谓结构工艺性好，是指在现有工艺条件下，既能方便制造又有较低的制造成本。

（二）零件的技术要求分析

零件图样上的技术要求，既要满足设计要求，又要便于加工，而且齐全合理。其技术要求包括下列几个方面：

1) 加工表面的尺寸精度、形状精度和表面粗糙度。
2) 各加工表面之间的相互位置精度。
3) 工件的热处理和其他要求，如动平衡、镀铬处理、去磁等。

零件的尺寸精度、形状精度、位置精度和表面粗糙度要求，对确定机械加工工艺方案和生产成本有很大的影响。因此，必须认真审查，以避免过高的要求，使加工工艺复杂化，增加不必要的费用。

在认真分析零件的技术要求后，结合零件的结构特点，对零件的加工工艺过程便有一个初步的轮廓。加工表面的尺寸精度、表面粗糙度要求和有无热处理要求，决定了该表面的最终加工方法，进而得出中间工序和粗加工工序所采用的加工方法。如轴类零件上 IT7 级精度、表面粗糙度要求 $Ra1.6\mu m$ 的轴颈表面，若不淬火，可用粗车、半精车、精车最终完成；若淬火，则最终加工方法选磨削，磨削前可采用粗车、半精车（或精车）等加工方法加工。表面间的相互位置精度，基本上决定了各表面的加工顺序。

（三）毛坯的选择

毛坯的确定，不仅影响毛坯制造的经济性，而且影响机械加工的经济性。所以在确定毛坯时，既要考虑热加工方面的因素，也要兼顾冷加工方面的要求，以便从确定毛坯这一环节中，降低零件的制造成本。

1. 机械加工中常用毛坯的种类

毛坯的种类很多，同一种毛坯又有多种制造方法，机械制造中常用的毛坯有以下几种。

1）铸件。

形状复杂的零件毛坯，宜采用铸造方法制造。目前铸件大多用砂型铸造，它可分为木模手工造型和金属模机器造型。木模手工造型铸件精度低，加工表面余量大，生产率低，适用于单件小批生产或大型零件的铸造。金属模机器造型生产率高，铸件精度高，但设备费用高，铸件的重量也受到限制，适用于大批量生产的中小铸件。其次，少量质量要求较高的小型铸件可采用特种铸造（如压力铸造、离心制造和熔模铸造等）。

2）锻件。

机械强度要求高的钢制件，一般要用锻件毛坯。锻件有自由锻造锻件和模锻件两种。自由锻造锻件可用手工锻打（小型毛坯）、机械锤锻（中型毛坯）或压力机压锻（大型毛坯）等方法获得。这种锻件的精度低，生产率不高，加工余量较大，零件的结构简单，适用于单件和小批生产，以及制造大型锻件。

模锻件的精度和表面质量都比自由锻造锻件好，而且锻件的形状也可较为复杂，因而能减少机械加工余量。模锻的生产效率比自由锻高得多，但需要特殊的设备和锻模，故适用于批量较大的中小型锻件。

3）型材。

型材按截面形状可分为圆钢、方钢、六角钢、扁钢、角钢、槽钢及其他特殊截面的型材。型材有热轧和冷拉两类。热轧的型材精度低，但价格便宜，用于一般零件的毛坯；冷拉的型材尺寸较小、精度高，易于实现自动送料，但价格较高，多用于批量较大的生产，适用于自动机床加工。

4）焊接件。

焊接件是用焊接方法而获得的结合件，焊接件的优点是制造简单、周期短、节省材料，缺点是抗振性差，变形大，需经时效处理后才能进行机械加工。

除此之外，还有冲压件、冷挤压件、粉末冶金等其它毛坯。

2. 毛坯形状和尺寸的确定

毛坯形状和尺寸，基本上取决于零件形状和尺寸。零件和毛坯的主要差别在于零件需要加工的表面上，加上一定的机械加工余量，即毛坯加工余量。毛坯制造时，同样会产生误差，毛坯制造的尺寸公差称为毛坯公差。毛坯加工余量和公差的大小，直接影响机械加工的劳动量和原材料的消耗量，从而影响产品的制造成本。所以现代机械制造的发展趋势之一，便是通过毛坯精化，使毛坯的形状和尺寸尽量和零件一致，力求做到少、无切削加工。毛坯加工余量和公差的大小，与毛坯的制造方法有关，生产中可参考有关工艺手册或有关企业、行业标准来确定。

在确定了毛坯加工余量以后，毛坯的形状和尺寸，除了将毛坯加工余量附加在零件相应的加工表面上外，还要考虑毛坯制造、机械加工和热处理等多方面工艺因素的影响。下面仅从机械加工工艺的角度，分析确定毛坯的形状和尺寸时应考虑的问题。

1）工艺搭子的设置。

有些零件，由于结构的原因，加工时不易装夹稳定，为了装夹方便迅速，可在毛坯上制出凸台，即所谓的工艺搭子。工艺搭子只在装夹工件时用，零件加工完成后，一般都要切掉，但如果不影响零件的使用性能和外观质量时，可以保留。

2）整体毛坯的采用。

在机械加工中，有时会遇到如磨床主轴部件中的三瓦轴承、发动机的连杆和车床的开合螺母等零件。为了保证这类零件的加工质量和加工时方便，常做成整体毛坯，加工到一定阶段后再切开。

3）合件毛坯的采用。

为了便于加工过程中的装夹，对于一些形状比较规则的小形零件，如T形键、扁螺母、小隔套等，应将多件合成一个毛坯，待加工到一定阶段后或者大多数表面加工完毕后，再加工成单件。合件毛坯，在确定其长度尺寸时，既要考虑切割刀具的宽度和零件的个数，还应考虑切成单件后，切割的端面是否需要进一步加工，若要加工，还应留有一定的加工余量。

五、零件表面加工方法的选择

零件表面的加工，应根据这些表面的加工要求和零件的结构特点及材料性质等因素，而选用相应的加工方法。在选择某一表面的加工方法时，一般总是首先选定它的最终加工方法，然后再逐一选定各有关前导工序的加工方法。

1. 加工方法选择的原则

1）所选加工方法应考虑该种加工方法的经济加工精度范围，要与加工表面的精度要求和表面粗糙度要求相适应。

2）所选加工方法能确保零件加工表面的几何形状精度、表面相互位置精度的要求。

3）所选加工方法要与零件材料的可加工性相适应。例如：淬火钢、耐热钢等硬度高的材料，则应采用磨削方法加工。

4）加工方法要与生产类型相适应。大批量生产时，应采用高效的机床设备和先进的加工方法。在单件小批生产中，大多采用通用机床和常规加工方法。

5) 所选加工方法要与企业现有设备条件和工人技术水平相适应。

2. 各类表面的加工方案及适用范围

1) 外圆表面加工方案见表 2-2-5。

表 2-2-5　外圆表面加工方案

序号	加工方案	经济加工精度等级（IT）	加工表面粗糙度要求 Ra/μm	适用范围
1	粗车	11~12	50~12.5	适用于淬火钢以外的各种金属
2	粗车—半精车	8~10	6.3~3.2	
3	粗车—半精车—精车	6~7	1.6~0.8	
4	粗车—半精车—精车—滚压（或抛光）	5~6	0.2~0.025	
5	粗车—半精车—磨削	6~7	0.8~0.4	适用于淬火钢，也可用于未淬火钢，但不宜加工非铁金属
6	粗车—半精车—粗磨—精磨	5~6	0.4~0.1	
7	粗车—半精车—粗磨—精磨—超精加工	5~6	0.1~0.012	
8	粗车—半精车—精车—金刚石车	5~6	0.4~0.025	主要用于要求较高的非铁金属
9	粗车—半精车—粗磨—精磨—超精磨（或镜面磨）	5 级以上	<0.025	极高精度的钢或铸铁的外圆加工
10	粗车—半精车—粗磨—精磨—研磨	5 级以上	<0.1	

2) 孔加工方案见表 2-2-6。

表 2-2-6　孔加工方案

序号	加工方案	经济加工精度等级（IT）	加工表面粗糙度要求 Ra/μm	适用范围
1	钻	11~12	12.5	加工未淬火钢及铸铁的实心毛坯，也可用于加工非铁金属（但表面粗糙度要求稍高），孔径<20mm
2	钻—铰	8~9	3.2~1.6	
3	钻—粗铰—精铰	7~8	1.6~0.8	
4	钻—扩	11	12.5~6.3	加工未淬火钢及铸铁的实心毛坯，也可用于加工非铁金属（但表面粗糙度要求稍高），孔径>20mm
5	钻—扩—铰	8~9	3.2~1.6	
6	钻—扩—粗铰—精铰	7	1.6~0.8	
7	钻—扩—机铰—手铰	6~7	0.4~0.1	

续表

序号	加工方案	经济加工精度等级（IT）	加工表面粗糙度要求 $Ra/\mu m$	适用范围
8	钻—（扩）—拉（或推）	7~9	1.6~0.1	大批量生产中小零件通孔
9	粗镗（或扩孔）	11~12	12.5~6.3	除淬火钢外各种材料，毛坯有铸出孔或锻出孔
10	粗镗（粗扩）—半精镗（精扩）	9~10	3.2~1.6	
11	粗镗（粗扩）—半精镗（精扩）—精镗（铰）	7~8	1.6~0.8	
12	粗镗（粗扩）—半精镗（精扩）—精镗—浮动镗刀精镗	6~7	0.8~0.4	
13	粗镗（扩）—半精镗—磨孔	7~8	0.8~0.2	主要用于加工淬火钢，也可用于不淬火钢，但不宜用于非铁金属
14	粗镗（扩）—半精镗—粗磨—精磨	6~7	0.2~0.1	
15	粗镗—半精镗—精镗—金刚石镗	6~7	0.4~0.05	主要用于精度要求较高的非铁金属加工
16	钻—（扩）—粗铰—精铰—珩磨 钻—（扩）—拉—珩磨粗镗—半精镗—精镗—珩磨	6~7	0.2~0.025	精度要求很高的孔
17	以研磨代替方案16中的珩磨	5~6	<0.1	
18	钻（或粗镗）—扩（半精镗）—精镗—金刚石镗—脉冲滚挤	6~7	0.1	成批大量生产的非铁金属零件中的小孔，铸铁箱体上的孔

3）平面加工方案见表2-2-7。

表2-2-7　平面加工方案

序号	加工方案	经济加工精度等级（IT）	加工表面粗糙度要求 $Ra/\mu m$	适用范围
1	粗车—半精车	8~9	6.3~3.2	端面
2	粗车—半精车—精车	6~7	1.6~0.8	
3	粗车—半精车—磨削	7~9	0.8~0.2	
4	粗刨（或粗铣）—精刨（或精铣）	7~9	6.3~1.6	一般不淬硬的平面（端铣表面粗糙度要求可较低）

续表

序号	加工方案	经济加工精度等级（IT）	加工表面粗糙度要求 Ra/μm	适用范围
5	粗刨（或粗铣）—精刨（或精铣）—刮研	5~6	0.8~0.1	精度要求较高的不淬硬平面、批量较大时宜采用宽刃精刨方案
6	粗刨（或粗铣）—精刨（或精铣）—宽刃精刨	6~7	0.8~0.2	
7	粗刨（或粗铣）—精刨（或精铣）—磨削	6~7	0.8~0.2	精度要求较高的淬硬平面或不淬硬平面
8	粗刨（或粗铣）—精刨（或精铣）—粗磨—精磨	5~6	0.4~0.25	
9	粗刨—拉	6~9	0.8~0.2	大量生产，较小的平面
10	粗铣—精铣—磨削—研磨	5级以上	<0.1	高精度平面

六、加工顺序的安排

（一）加工阶段的划分

零件的加工质量要求较高时，都应划分加工阶段，根据加工性质和作用的不同，工艺过程一般划分为粗加工、半精加工和精加工三个阶段。如果零件要求的精度特别高，表面粗糙度要求很小时，还应增加光整加工和超精密加工阶段。

1. 粗加工阶段

主要任务是切除毛坯上各加工表面的大部分加工余量，使毛坯在形状和尺寸上接近零件成品。因此，应采取措施尽可能提高生产率。同时要为半精加工阶段提供精基准，并留有充分均匀的加工余量，为后续工序创造有利条件。

2. 半精加工阶段

达到一定的精度要求，并保证留有一定的加工余量，为主要表面的精加工作准备。同时完成一些次要表面的加工（如紧固孔的钻削、攻螺纹、铣键槽等）。

3. 精加工阶段

主要任务是保证零件各主要表面达到图纸规定的技术要求。

4. 光整加工阶段

对精度要求很高（IT6以上），表面粗糙度要求很小（小于 $Ra0.2\mu m$）的零件，需安排光整加工阶段。其主要任务是减小表面粗糙度要求或进一步提高尺寸精度和形状精度。

（二）工序的合理组合

确定加工方法以后，就要按生产类型、零件的结构特点、技术要求和机床设备等具体生产条件，确定工艺过程的工序数。确定工序数有两种基本原则可供选择：

1. 工序分散原则

工序多，工艺过程长，每个工序所包含的加工内容很少，特殊情况下每个工序只有一个工步，所使用的工艺设备与装备比较简单，易于调整和掌握，有利于选用合理的切削用量，减少基本时间，生产中要求设备数量多，生产面积大，但易于更换产品。

2. 工序集中原则

零件的各个表面的加工集中在少数几个工序内完成，每个工序的内容和工步都较多，可采用高效的数控机床，生产计划和生产组织工作得到简化，生产面积和操作工人数量减少，工件装夹次数减少，辅助时间缩短，加工表面间的位置精度易于保证，设备、工装投资大，调整、维护复杂，生产准备工作量大，更换新产品困难。

批量小时，在通用机床上往往采用工序集中的原则。批量大时，既可按工序分散原则组织流水线生产，也可利用高生产率的通用设备，按工序集中原则组织生产。

3. 机械加工顺序的安排原则

1) 对于形状复杂、尺寸较大的毛坯或尺寸偏差较大的毛坯，应首先安排划线工序，为精基准加工提供找正基准。

2) 按"先基面后其他"的顺序，首先加工精基准面。

3) 在重要表面加工前，应对精基准进行修正。

4) 按"先主后次、先粗后精"的顺序，对精度要求较高的各主要表面进行粗加工、半精加工和精加工。

5) 对于与主要表面有位置精度要求的次要表面，应安排在主要表面加工之后加工。

6) 对于易出现废品的工序，精加工和光整加工可适当提前。一般情况下，主要表面的精加工和光整加工应放在最后阶段进行。

七、工艺过程制定

工艺过程制定包括工序基准的选择、工序尺寸的确定、加工余量的确定、机床的选择、工艺装备的选择、切削用量的选择等。

（一）工序基准的选择

工序基准是在工序图上，以标定被加工表面位置尺寸和位置精度的基准。所标定的位置尺寸和位置精度，分别称为工序尺寸和工序技术要求。工序尺寸和工序技术要求的内容，在加工后应进行测量，测量时所用的基准称为测量基准。通常工序基准应与测量基准重合。

对于设计基准尚未最后加工完毕的中间工序，应选各工序的定位基准作为工序基准和测量基准。在各表面的最后精加工时，当定位基准与设计基准重合时，显然工序基准和测量基准就应选用这个重合的基准。当所选定位基准未与设计基准重合时，在这两种基准都能作为测量基准的情况下，工序基准的选择应注意以下三点。

1) 选设计基准作为工序基准时,对工序尺寸的检验就是对设计尺寸的检验,有利于减少检验工作量。

2) 当本工序中位置精度是由夹具保证而不需进行试切、调整的情况(如用钻模、镗模等),应使工序基准与设计基准重合。在按工序尺寸进行试切、调整的情况,选工序基准与定位基准重合,能简化刀具位置的调整。

3) 对一次安装下所加工出来的各个表面,各加工面之间的工序尺寸应选与设计尺寸一致。

(二) 确定工序尺寸的方法

1) 对外圆和内孔等简单加工的情况,工序尺寸可由后续加工的工序尺寸加上(对被包容面)或减去(对包容面)工序余量而求得。工序公差按所用加工方法的经济精度选定。

2) 当工件上的位置尺寸精度或技术要求,在工艺过程中是由两个甚至更多的工序间接保证时,需通过尺寸链计算,来确定有关工序尺寸、公差及技术要求。

3) 对于同一位置尺寸方向有较多尺寸,加工时定位基准又需多次转换的工件(如轴类、套筒类等),由于工序尺寸相互联系的关系较复杂(如某些设计尺寸作为封闭环被间接保证,加工余量有误差累积),就需要从整个工艺过程的角度用工艺尺寸链作综合计算,以求出各工序尺寸、公差及技术要求。

(三) 加工余量的确定

1. 基本术语

1) 加工总余量(毛坯余量)——毛坯尺寸与零件图设计尺寸之差。

2) 基本余量——设计时给定的余量。

3) 工序间加工余量(工序余量)——相邻两工序尺寸之差。

4) 工序余量公差——本工序的最大余量与最小余量之代数差的绝对值,等于本工序的公差与上工序公差之和。

5) 单面加工余量——加工前后半径之差,平面余量为单面余量。

6) 双面加工余量——加工前后直径之差。

2. 确定加工余量的方法

确定加工余量的方法有3种:分析计算法、经验估算法和查表修正法。

1) 分析计算法。

本方法是根据有关加工余量计算公式和一定的试验资料,对影响加工余量的各项因素进行分析和综合计算来确定加工余量。用这种方法确定加工余量比较经济合理,但必须有比较全面和可靠的试验资料。目前,只在材料十分贵重,以及军工生产或少数大量生产的工厂中采用。

2) 经验估算法。

本方法是根据工厂的生产技术水平,依靠实际经验确定加工余量。为防止因余量过小而产生废品，经验估计的数值总是偏大，这种方法常用于单件小批量生产。

3) 查表修正法。

总余量和半精加工、精加工工序余量可参考有关标准工艺手册，并结合工厂的实际情况进行适当修正后确定，目前此法应用较为普遍。粗加工工序余量，由总余量减去各半精加工和精加工工序余量而得到。

（四）工艺装备的选择

1. 机床的选择

1) 机床的加工尺寸范围，应与加工零件要求的尺寸相适应。
2) 机床的工作精度，应与工序要求的精度相适应。
3) 机床的选择，应与零件的生产类型相适应。

2. 夹具的选择

在单件小批量生产中，应选用通用夹具和组合夹具；在大批量生产中，应根据工序加工要求设计制造专用夹具。

3. 刀具的选择

主要依据加工表面的尺寸、工件材料、所要求的加工精度、表面粗糙度要求及选定的加工方法等选择刀具。一般应采用标准刀具，必要时采用组合刀具及专用刀具。

4. 量具的选择

主要依据生产类型和零件加工精度等选择量具。一般在单件、小批量生产时，采用通用量具、量仪。在大批量生产时，采用各种量规、量仪和专用量具等。

5. 工位器具

工位器具明细表如表 2-2-8 所示。

表 2-2-8　工位器具明细表

序号	型号	名称	数量	品名	计划生产件数	日期	备注

（五）切削用量的选择

选择切削用量，就是在已经选择好刀具材料和刀具几何角度的基础上，确定切削深度 a_p、进给量 f 和切削速度 v。选择切削用量的原则如下：

1) 在保证加工质量，降低成本和提高生产率的前提下，使 a_p、f、v 的乘积最大。当 a_p、f、v 的乘积最大时，工序的切削工时最少。切削时间 t_m 的计算公式如下：

$$t_m = \frac{L}{nf} \frac{A}{a_p} = \frac{LA\pi d}{1\,000 v f a_p}$$

式中：L——每次进给的行程长度（mm）；

n——转速（r/min）；

A——每次加工总余量（mm）；

d——工件直径（mm）。

2）提高切削用量要受到工艺装备（机床、刀具）与技术要求（加工精度、表面质量）的限制。所以粗加工时，一般是先按刀具寿命的限制，确定切削用量；之后再考虑整个工艺系统的刚性是否允许，加以调整。精加工时，则主要依据零件表面粗糙度要求和加工精度确定切削用量。

3）根据切削用量与刀具寿命的关系可知，影响刀具寿命最小的是 a_p，其次是 f，最大是 v。这是因为 v 对切削温度的影响最大。温度升高，刀具磨损加快，寿命明显下降。所以，确定切削用量顺序应是首先尽量选择较大的 a_p；其次根据工艺装备与技术条件，选择最大的 f；最后再根据刀具使用寿命确定 v。这样才能在保证一定刀具寿命的前提下，使 a_p、f 和 v 的乘积最大。

任务练习

一、填空题

1. 编制机械加工工艺规程必须根据_____（零件形状结构、加工质量要求）、_____、_____性质和具体_____进行。

2. 将_____的内容，填入一定格式的_____中，作为_____和_____的工艺文件。

3. 在制订零件的机械加工工艺规程时，首先要对照产品_____分析_____，熟悉该产品的_____、_____及_____，明确_____在产品中的位置、作用及相关零件的位置关系。

4. 根据零件各加工表面要求的不同，可以将零件的加工表面划分为_____加工表面和_____加工表面。

5. 毛坯的确定，不仅影响_____的经济性，而且影响_____的经济性。

6. _____的拟订是制订工艺规程的关键，它制订得是否合理，直接影响到工艺规程的_____、_____和_____。

7. 零件的加工质量要求较高时，都应划分加工阶段，一般划分为_____、_____和_____三个阶段。

二、判断题

1. 为了使制订的工艺规程切实可行，一定要考虑本厂的生产条件。（　　）

2. 在制订工艺规程的过程中，无需对前面已初步确定的容进行调整，以提高经济效益。
（　　）
3. 单件小批量时机械加工工艺过程卡片可直接用以指导生产。（　　）
4. 功能相同的零件，其结构工艺性不可以有很大差异。（　　）
5. 形状复杂的零件毛坯，宜采用铸造方法制造。（　　）
6. 毛坯形状和尺寸，基本上取决于零件形状和尺寸。（　　）

三、选择题

1. (　　)是为某一工序阶段编制的工艺文件。
   A. 机械加工工艺过程卡　　　　　B. 机械加工工艺卡
   C. 机械加工工序卡　　　　　　　D. 机械加工技术检查卡

2. (　　)是根据机械加工艺卡为每一道工序制订的。
   A. 机械加工工艺过程卡　　　　　B. 机械加工工艺卡
   C. 机械加工工序卡　　　　　　　D. 机械加工技术检查卡

3. (　　)是检查人员用的工艺文件。
   A. 机械加工工艺过程卡　　　　　B. 机械加工工艺卡
   C. 机械加工工序卡　　　　　　　D. 机械加工技术检查卡

4. 机械强度要求高的钢制件，一般要用(　　)毛坯。
   A. 铸件　　　　　　　　　　　　B. 锻件
   C. 型材　　　　　　　　　　　　D. 焊接件

5. (　　)主要任务是保证零件各主要表面达到图纸规定的技术要求。
   A. 粗加工阶段　　　　　　　　　B. 半精加工阶段
   C. 精加工阶段　　　　　　　　　D. 光整加工阶段

四、简答题

1. 编制机械加工工艺规程的基本要求是什么？
2. 零件表面加工方法选择的原则是什么？
3. 工序基准的选择应注意哪些内容？

任务拓展

阅读材料——智能加工技术路线

智能切削加工过程所涉及的关键技术主要包括：智能加工工艺规划、通过仿真手段对切削过程进行预测与优化、在加工过程中对于状态变化的监测、加工过程中的智能决策与控制、贯穿于整个加工过程的数据处理技术。智能加工技术路线如图2-2-1所示。

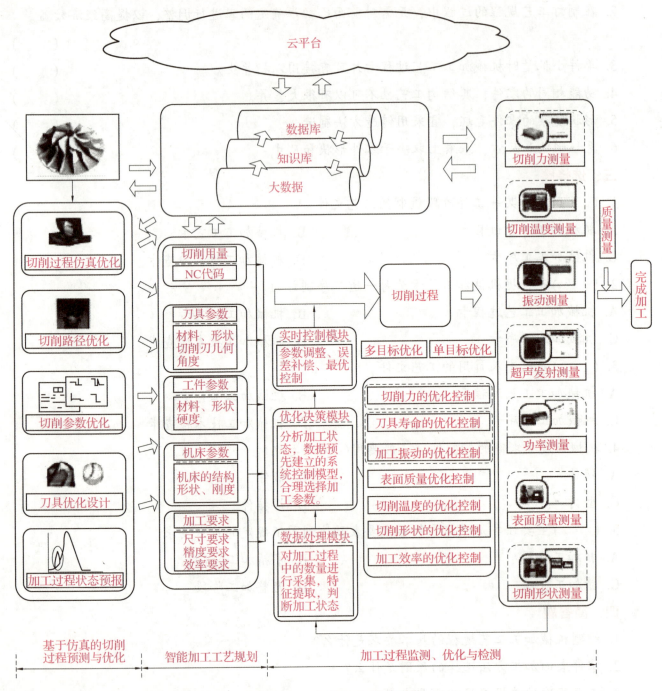

图 2-2-1 智能加工技术路线

任务三　编制典型机械加工工艺规程

机械加工工艺规程是用于指导生产的重要技术文件，是生产组织和生产准备工作的依据，是新建和扩建工厂（车间）的技术依据。可以看出正确、合理、规范的编制工艺规程在机械加工中起到了极其重要的作用。学生通过对以下零件进行缜密和耐心的工艺编制，使学生能举一反三，提升知识拓展能力和严谨的工作作风。

项目二 编制机械加工工艺规程 55

 任务目标

会制订轴类零件加工工艺；

会制订套筒类零件加工工艺；

培养学生知识拓展能力和严谨的工作作风。

 任务描述

本任务主要以普通车床加工轴类零件和套筒类零件为例，根据机械加工工艺规程编制步骤，编制轴类零件和套筒类零件加工工艺。轴类零件是最常见的典型零件之一，通过本任务学习要求学生能进行知识迁移，完成普通铣床零件加工工艺的制订。

知识链接

一、制订轴类零件加工工艺

（一）零件图样分析

图 2-3-1 所示零件是我们日常生活中所见的螺栓，它是我们日常生活中不可或缺的工业必需品，主要作用是把两个工件连在一起，起紧固的作用，比如船舶、汽车、自行车、各种机床、设备，几乎所有的机器上都要用到螺栓。

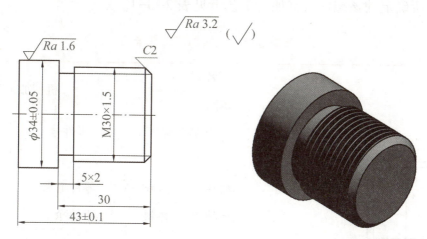

图 2-3-1　螺栓

螺栓属于阶梯轴类零件，由圆柱面、螺纹和螺纹退刀槽等组成。退刀槽的作用是使零件装配时有一个正确的位置，并使加工中车螺纹时退刀方便；螺纹是用于安装各种螺母，也可用于轴和轴之间的连接。

1. 确定毛坯

螺栓的材质有很多种，钢结构连接用螺栓，按使用性能等级可分为 3.6、4.6、4.8、5.6、6.8、8.8、9.8、10.9、12.9 等等级，其中 8.8 级及以上螺栓材质为低碳合金钢或中碳钢并经热处理（淬火、回火），通称为高强度螺栓，其余通称为普通螺栓。该螺栓属于普通螺栓，故选择 45 钢即可满足其要求。本例螺栓各外径尺寸相差不大，故选择 $\phi 36$ 的热轧圆钢作毛坯。

2. 确定主要表面的加工方法

螺栓大多是回转表面，主要选择车削成形加工方式，由于该零件有尺寸公差要求 $\phi 34 \pm 0.05$，表面粗糙度为 $Ra1.6$，故外圆表面的加工方案为：粗车——半精车——精车；槽加工没有尺寸公差要求，只要保证加工要求即可；螺纹车削要保证螺纹加工精度要求。

3. 确定定位基准

合理选择定位基准，对于保证零件的尺寸和位置精度有着决定性的作用。由于该螺栓没有圆跳动要求，粗基准采用热轧圆钢的毛坯外圆，夹具选择三爪卡盘夹紧毛坯，伸出长度为 50mm，加工完切断平端面，保证零件的总长。

4. 加工尺寸和切削用量

阶梯轴 $\phi 34 \pm 0.05$ 车削余量可取 0.5mm，半精车余量可选用 1.5mm。加工尺寸可由此而定，机械加工工艺卡片的工序内容如表 2-3-1。车削用量的选择，单件、小批量生产时，可根据加工情况由工人确定；一般可通过查阅《机械加工工艺手册》《切削用量手册》进行选取。

5. 拟定工艺过程

在拟定螺栓加工的工艺过程时，在考虑主要表面加工的同时，还要考虑到次要表面的加工。在半精加工 $\phi 34$ 及 M30 的外圆时，应车到图样规定的尺寸，同时加工退刀槽、倒角和螺纹。同时也要考虑到检验工序的安排、检查项目及检验方法的确定。

综上所述，所确定的该螺栓机械加工工艺卡见表 2-3-1。

表 2-3-1 机械加工工艺卡

厂名		机械加工工艺卡	
车间			
产品名称		零件号	零件名
			螺栓
材料	45 钢	零件毛重	
毛坯种类	棒料	零件净重	
形状与尺寸	$\phi 36 \times 200$mm	材料定额/kg	
		每台产品零件数	

续表

工序号	工序或工步内容	工艺装备名称及编号					时间定额/min	
		设备	夹具	刀具	量具	辅具	单件时间	准备结束时间
1	将毛坯棒料装入三爪卡盘，伸出110mm，用三爪卡盘夹紧	CA6140车床	三爪卡盘			卡盘扳手		
2	粗车端面，车平即可	CA6140车床	三爪卡盘	45°端面车刀				
3	粗车外圆直径到35mm，长度48mm	CA6140车床	三爪卡盘	90°外圆车刀	游标卡尺			
4	粗车外圆直径到30.8mm，长度30mm	CA6140车床	三爪卡盘	90°外圆车刀	游标卡尺			
5	精车φ35外圆，直径到φ34±0.05mm，长度到48mm，表面粗糙度要求为1.6μm	CA6140车床	三爪卡盘	90°外圆车刀	游标卡尺、千分尺			
6	精车φ30.8外圆，直径到φ29.8mm，长度到30mm	CA6140车床	三爪卡盘	90°外圆车刀	游标卡尺、千分尺			
7	倒角C2	CA6140车床	三爪卡盘	45°端面车刀				
8	用千分尺测量外圆尺寸	CA6140车床	三爪卡盘		千分尺			
9	切螺纹退刀槽	CA6140车床	三爪卡盘	切断刀	游标卡尺			
10	车螺纹	CA6140车床	三爪卡盘	60°螺纹刀	千分尺	卡盘扳手		
11	切断，使工件从棒料上切除，保证长度为44mm	CA6140车床	三爪卡盘	切断刀	游标卡尺			
12	铜皮包裹，平端面，保证总长43±0.1mm	CA6140车床	三爪卡盘	45°端面车刀	游标卡尺			
13	检测：用游标卡尺、千分尺测量，检验工件加工尺寸	CA6140车床	三爪卡盘		游标卡尺、千分尺			
更改内容								
编制		校对			审核		批准	

二、套筒类零件加工工艺分析

（一）零件图样分析

图 2-3-2 所示轴承套，是机械加工中常见的一种零件，在各类机器中应用很广泛，主要起支撑或导向作用。材料为 ZQSn6-6-3，每批数量为 400 只。该轴承套属于短套，其直径尺寸和轴向尺寸均不大，粗加工可以单件加工，也可以多件加工。由于单件加工时，每件都要留出工件备装夹的长度，因此原材料浪费较多，所以这里采用多件加工的方法。

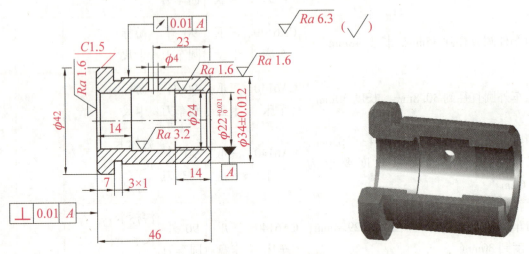

图 2-3-2 轴承套

该轴承套加工时，应根据工件的毛坯材料、结构形状、加工余量、尺寸精度、形状精度和生产纲领，正确选择定位基准、装夹方法和加工工艺过程，以保证达到图样要求。其主要要求如下：

1) $\phi 34 \pm 0.012$ mm 外圆表面粗糙度要求是 $Ra1.6$，对 $\phi 22_0^{+0.021}$ 孔的径向圆跳动公差为 0.01 mm 需要经过粗车——精车两步方能满足要求，设备为 CA6140 车床，夹具为专用车夹具。

2) $\phi 42$ 外圆表面粗糙度要求是 $Ra6.3$，无尺寸公差要求，只需一步粗车即可满足要求，设备为 CA6140 车床，夹具专用车夹具。

3) $\phi 42$ 端面表面粗糙度要求是 $Ra1.6$，对 $\phi 22_0^{+0.021}$ 孔轴线的垂直度公差为 0.01，需要经过粗车——精车两步方能满足要求，设备为 CA6140 车床，夹具为专用车夹具。

4) $\phi 22_0^{+0.021}$ 孔，表面粗糙度要求为 $Ra1.6$，需要经过粗镗——精镗两步方能满足要求，设备为 CA6140 车床。

5) 工件上的其他加工面和孔，表面粗糙度要求均为 $Ra6.3$，只需一步加工即可满足要求，且与其他面没有位置度要求，在此就不多做考虑。

（二）零件的加工方案的确定

轴承套外圆为 IT7 级精度，采用粗车——精车可以满足要求；内孔精度也为 H7 级，采用镗孔可以满足要求。内孔的加工工序顺序为：钻孔——粗镗——精镗。

（三）零件的夹紧方案确定

由于外圆对内孔的径向圆跳动要求在 0.01mm 以内，用软卡爪装夹无法保证。因此精车外圆是应以内孔为定位基准，是轴承套在小锥度心轴上定位，用两顶尖装夹。这样可以保证加工基准和测量机床一致，容易达到图纸要求。车削内孔时，应与端面在一次装夹加工完成，以保证端面与内孔轴线的垂直度在公差要求以内。

三、工艺规程设计

1. 确定毛坯的制造形式

该零件为机械轴承套，材料为 ZQSn6-6-3，棒料，每批数量为 200 件，所以毛坯采用直接下料的方式制造。

2. 基准面的选择

基准面选择是工艺规程设计中的重要工作之一。基准面选择得正确与合理可以使加工质量得到保证，生产率得以提高。否则，加工工艺过程中会出现问题，更有甚者，还会造成零件的大批报废，使生产无法正常进行。

粗基准的选择。对于零件而言，尽可能选择不加工表面为粗基准。而对有若干个不加工表面的工件，则应以与加工表面要求相对位置精度较高的不加工表面作粗基准。根据这个基准选择原则，现选取中心孔为粗基准。

精基准的选择。精基准的选择是相对于粗基准而言的。对于此轴承套精基准的选择主要考虑到左端面与轴心线的垂直度要求、$\phi 34\pm0.012$mm 的外圆与轴心线的圆跳动要求以及外圆和内孔的尺寸精度要求。所以在加工外圆时用左端面和内孔作为精基准，用心轴定位，两顶尖装夹即可。

3. 制订工艺路线

1) 下棒料 $\phi 45\times 255$mm；
2) 钻中心孔；
3) 钻 $\phi 20$mm 的孔；
4) 粗镗、精镗内孔至 $\phi 22_{\ 0}^{+0.021}$mm；
5) 粗、精切 $\phi 24\times 18$ 的内槽；
6) 倒角；
7) 粗车外圆、空刀槽及两端倒角；
8) 精车外圆至 $\phi 34\pm 0.012$mm；
9) 钻径向油孔 $\phi 4$mm；
10) 检查入库。

4. 机械加工余量、工序尺寸及毛坯尺寸的确定

此轴承套的材料为 ZQSn6-6-3，零件的最大径向尺寸为 42mm，查《工艺手册》得，机械

单边加工余量。因为此轴承套为5件同时加工，切断刀尺寸为3mm，毛坯零件轴向尺寸为46mm，轴向单边加工余量为1mm，所以零件的毛坯尺寸可定为φ45×255mm。

综上所述，所确定的轴承套机械加工工艺卡见表2-3-2。

表 2-3-2　轴承套机械加工工艺卡

厂名		机械加工工艺卡		
车间				
产品名称		零件号		零件名
				轴承套
材料	ZQSn6-6-3	零件毛重		
毛坯种类	棒料	零件净重		
形状与尺寸	φ45×255mm	材料定额/kg		
每台产品零件数				

工序号	工序或工步内容	工艺装备名称及编号					时间定额/min	
		设备	夹具	刀具	量具	辅具	单件时间	准备结束时间
1	装毛坯棒料装入三爪卡盘，伸出110mm，用三爪卡盘夹紧	CA6140车床	三爪卡盘			卡盘扳手		
	打中心孔	CA6140车床	三爪卡盘	中心钻		尾座		
	钻孔	CA6140车床	三爪卡盘	φ20钻头	游标卡尺	尾座		
	粗车端面，车平即可	CA6140车床	三爪卡盘	45°端面车刀				
	粗镗内孔φ21mm，长度为48mm	CA6140车床	三爪卡盘	镗刀	内径千分尺			
	精镗内孔φ22$^{+0.021}_{0}$mm，长度为48mm	CA6140车床	三爪卡盘	镗刀	内径千分尺			
	内倒角C1.5	CA6140车床	三爪卡盘	镗刀				
	粗切内割槽φ23.8mm，长度为18mm	CA6140车床	三爪卡盘	内割刀	内径千分尺			

续表

工序	工步内容	设备	夹具	刀具	量具		
1	精切内割槽 φ24mm，长度为 18mm，表面粗糙度要求为 3.2μm	CA6140 车床	三爪卡盘	内割刀	内径千分尺		
	粗车外圆直径到 42mm，长度 50mm	CA6140 车床	三爪卡盘	90°外圆车刀	游标卡尺		
	粗车外圆直径到 35mm，长度 39mm	CA6140 车床	三爪卡盘	90°外圆车刀	游标卡尺		
	精车 φ34 外圆，直径到 34±0.012mm，长度到 39mm	CA6140 车床	三爪卡盘	90°外圆车刀	游标、千分尺		
	外圆倒角 C1.5	CA6140 车床	三爪卡盘	45°端面车刀			
	切槽 3×1mm	CA6140 车床	三爪卡盘	切槽刀	游标卡尺		
	切断，使工件从棒料上切除，保证长度为 47mm	CA6140 车床	三爪卡盘	切断刀	游标卡尺		
	铜皮包裹，平端面，保证总长 46mm	CA6140 车床	三爪卡盘	45°端面车刀	游标卡尺		
	内孔倒角 C1.5	CA6140 车床	三爪卡盘	45°端面车刀			
	外圆倒角 C1.5	CA6140 车床	三爪卡盘	90°外圆车刀			
2	打中心孔	Z540 钻床	平口钳	中心钻	游标卡尺		
	钻 φ4 径向油孔	Z540 钻床	平口钳	φ3.8 钻头	游标卡尺		
更改内容							
编制		校对		审核		批准	

任务练习

1. 根据图 2-3-3 带轮槽的图纸要求，编制机械加工工艺，完成表 2-2-2 机械加工工艺卡填写。

2. 根据图 2-3-4 双锥孔套的图纸要求，编制机械加工工艺，完成表 2-2-2 机械加工工艺卡填写。

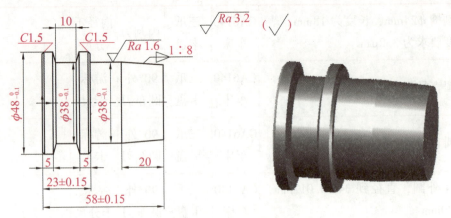

图 2-3-3 带轮槽

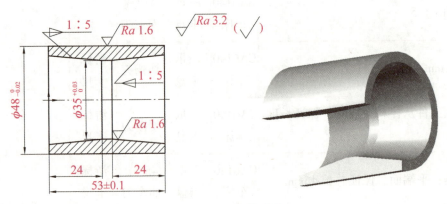

图 2-3-4 双锥孔套

任务拓展

阅读材料——模拟退火算法

模拟退火算法（Simulated Annealing，SA）是基于蒙特卡洛迭代求解策略，模仿固体退火降温原理，实现目标优化的方法。模拟退火算法的基本思想是：从某一较高初始温度开始，随着温度参数的下降，寻找局部最优解的同时，能以一定概率实现全局最优解的求解。

模拟退火算法的基本原理为：当对固体加温过程中，固体内部粒子会随温度的升高而趋于无序状态，内能增大，当对固体降温让其徐徐冷却过程中，固体中的粒子释放能量，趋于稳定有序，最终在常温状态下达到稳定状态，内能减为最小。图 2-3-5 所示为物理退火与模拟退火对应关系图。

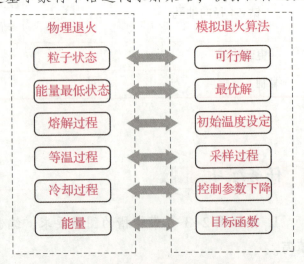

图 2-3-5 物理退火与模拟退火对应关系图

项目三

先进加工技术

知 识 树

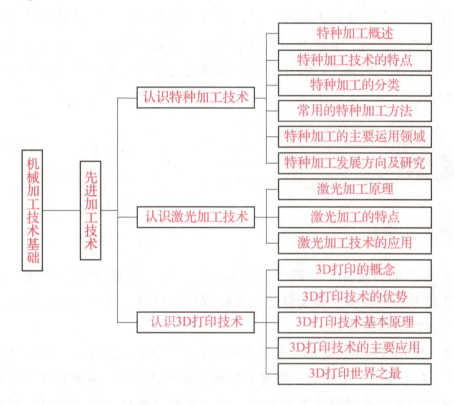

任务一　认识特种加工技术

先进制造技术即制造业不断地吸收机械、电子、信息、材料、能源及现代管理等方面的成果,并将其综合应用于制造的全过程,实现优质、高效、低耗、清洁、灵活生产,取得理想技术经济效果的制造技术的总称。

特种加工技术是先进制造技术的一种,是指那些不属于传统加工工艺范畴的加工方法,它不同于使用刀具、磨具等直接利用机械能切除多余材料的传统加工方法。通过学习特种加工技术,让学生树立技能报国、技能强国的信念。

任务目标

掌握特种加工技术的概念；
了解特种加工技术的特点；
了解特种加工技术的分类；
树立技能报国、技能强国的信念。

任务描述

特种加工是近几十年发展起来的新工艺，是对传统加工工艺方法的重要补充与发展，目前仍在继续研究开发和改进。直接利用电能、热能、声能、光能、化学能和电化学能，有时也结合机械能对工件进行的加工。特种加工中以采用电能为主的电火花加工和电解加工应用较广，泛称电加工。

知识链接

一、特种加工概述

特种加工亦称"非传统加工"或"现代加工方法"，泛指用电能、热能、光能、电化学能、化学能、声能及特殊机械能等能量达到去除或增加材料的加工方法，从而实现材料被去除、变形、改变性能或被镀覆等。

20世纪40年代发明的电火花加工开创了用工具、不靠机械力来加工硬工件的方法。20世纪50年代以后先后出现电子束加工、等离子弧加工和激光加工。这些加工方法不用成型的工具，而是利用密度很高的能量束流进行加工。对于高硬度材料和复杂形状、精密微细的特殊零件，特种加工有很大的适用性和发展潜力，在模具、量具、刀具、仪器仪表、飞机、航天器和微电子元器件等制造中得到越来越广泛的应用。

二、特种加工技术的特点

1. 加工范围上不受材料强度、硬度等限制

特种加工技术主要不依靠机械力和机械能去除材料，而是主要用其他能量（如电、化学、光、声、热等）去除金属和非金属材料，完成工件的加工。故可以加工各种超强硬材料、高脆性及热敏材料以及特殊的金属和非金属材料。

2. 以柔克刚

特种加工不一定需要工具，有的虽使用工具，但与工件并不接触，加工过程中工具和工件间不存在明显的强大机械切削力,所以加工时不受工件的强度和硬度的制约,在加工超硬脆材料和精密微细零件、薄壁元件、弹性元件时,工具硬度可以低于被加工材料的硬度。

3. 加工方法日新月异,向精密加工方向发展

当前已出现了精密特种加工,许多特种加工方法同时又是精密加工方法、微细加工方法,如电子束加工、离子束加工、激光束加工等就是精密特种加工;精密电火花加工的加工精密度可达微米级 $0.51\mu m$,表面粗糙度要求可达镜面 $Ra0.02\mu m$。

由于在加工过程中不产生宏观切屑,工件表面不会产生强烈的弹、塑性变形,故可以获得良好的表面粗糙度要求。残余应力、热应力、冷作硬化、热影响区及毛刺等表面缺陷均比机械切割表面小,尺寸稳定性好,不存在加工中的机械应变或大面积的热应变。

三、特种加工的分类

特种加工的分类还没有明确的规定,一般按能量来源和作用形式以及加工原理可分为如表 3-1-1 所示的形式。

表 3-1-1　常用特种加工方法的分类

加工方法		主要能量形式	作用形式	符号
电火花加工	电火花成型加工	电能、热能	熔化、气化	EDM
	电火花线切割加工	电能、热能	熔化、气化	WEDM
电化学加工	电解加工	电化学能	金属离子阳极溶解	ECM（ELM）
	电解磨削	电化学能、机械能	阳极溶解、磨削	EGM（ECG）
	电解研磨	电化学能、机械能	阳极溶解、研磨	ECH
	电铸	电化学能	金属离子阴极沉积	EFM
	涂镀	电化学能	金属离子阴极沉积	EPM
高能束加工	激光束加工	光能、热能	熔化、气化	LBM
	电子束加工	光能、热能	熔化、气化	EBM
	离子束加工	电能、机械能	切蚀	IBM
	等离子弧加工	电能、热能	熔化、气化	PAM
物料切蚀加工	超声加工	声能、机械能	切蚀	USM
	磨料流加工	声能、机械能	切蚀	AFM
	液体喷射加工	机械能	切蚀	HDM
化学加工	化学铣削	化学能	腐蚀	CHMI
	化学抛光	化学能	腐蚀	CHP
	光刻	光能、化学能	光化学腐蚀	PCM

续表

加工方法		主要能量形式	作用形式	符号
复合加工	电化学电弧加工	电化学能	熔化气化腐蚀	ECAM
	电解电化学机械磨削	电能、热能	离子溶解、熔化、切割	MEEC

尽管特种加工优点突出，应用日益广泛，但是各种特种加工的能量来源、作用形式、工艺特点却不尽相同，其加工特点与应用范围自然也不一样，而且各自还都具有一定的局限性。为了更好地应用和发挥各种特种加工的最佳功能及效果，必须依据工件材料、尺寸、形状、精度、生产率、经济性等情况作具体分析，合理选择特种加工方法。表3-1-2对几种常见的特种加工方法进行了综合比较。

表3-1-2 几种常见特种加工方法的综合比较

加工方法	可加工材料	工具耗损率/%（最低/平均）	材料去除率/(mm·min^{-1})（平均/最高）	可达到尺寸精度/mm（平均/最高）	可达到表面粗糙度要求 $Ra/\mu m$（平均/最高）	主要适用范围
电火花成型加工	任何导电金属材料，如硬质合金、耐热钢、不锈钢、淬火钢、钛合金等	0.1/10	30/3 000	0.03/0.003	10/0.04	从数微米的孔、槽，到数米的超大型模具、工件等。如圆孔、异形孔、深孔、微孔、弯孔、螺纹孔以及冲模、锻模、压铸模、塑料模、拉丝模，还可刻字、表面强化、涂覆加工
电火花线切割加工		较小（可补偿）	20/50（m/min）	0.02/0.002	5/0.04	切割各种冲模、塑料模、粉末冶金模等二维及三维直纹面组成的模具及零件，也常用于钼、钨、半导体材料或贵重金属切割
电解加工		不耗损	100/10 000	0.1/0.01	1.25/0.16	从细小零件到1t的超大型工件及模具。如仪表微型小轴，齿轮上的毛刺，蜗轮叶片，螺旋花键孔，各种异形孔，锻造模，以及抛光、去毛刺等

续表

加工方法	可加工材料	工具耗损率/%（最低/平均）	材料去除率/(mm·min^{-1})（平均/最高）	可达到尺寸精度/mm（平均/最高）	可达到表面粗糙度要求 Ra/μm（平均/最高）	主要适用范围
电解磨削		1/50	1/100	0.02/0.001	1.25/0.04	硬质合金等难加工材料的磨削。如硬质合金刀具、量具、轧辊、小孔、深孔、细长杆磨削，以及超精光整研磨、珩磨
超声波	任何脆性材料	0.1/10	1/50	0.03/0.005	0.63/0.16	加工、切割脆硬材料。如玻璃、石英、宝石、金刚石、半导体单晶锗、硅等。可加工型孔、型腔、小孔、深孔以及切割等
激光加工	任何材料	不损耗（三种没有成型用的工具）	瞬时去除率很高，受功率限制，平均去除率不高	0.01/0.001	10/1.25	精密加工小孔、窄缝及成型切割、蚀刻，如金刚石拉丝模、钟表宝石轴承等
电子束加工						在各种难加工材料上打微小孔、蚀刻、焊接等，常用于制造大、中规模集成电路微电子器件
离子束加工			很低	/0.01μm	/0.01	对零件表面进行超精密、超微量加工、抛光、刻蚀、掺杂、镀覆等
快速成形	增材加工，无可比性			0.3/0.1	10/5	快速制作样件、模具

四、常用的特种加工方法

（一）电火花加工（Electrical Discharge Machining）

电火花加工，如图 3-1-1 所示。

1. 电火花加工基本原理

电火花加工是利用浸在工作液中的两极间脉冲放电时产生的电蚀作用蚀除导电材料的特种加工方法，又称放电加工或电蚀加工，英文简称 EDM，其加工基本原理如图 3-1-2 所示。

2. 基本设备

电火花加工机床，如图 3-1-3 所示。

图 3-1-1 电火花加工

图 3-1-2 电火花加工基本原理

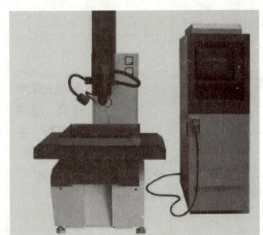

图 3-1-3 电火花加工机床

3. 主要特点

1) 能加工普通切削加工方法难以切削的材料和复杂形状工件；
2) 加工时无切削力；
3) 不产生毛刺和刀痕沟纹等缺陷；
4) 工具电极材料无须比工件材料硬；
5) 直接使用电能加工，便于实现自动化；
6) 加工后表面产生变质层，在某些应用中须进一步去除；
7) 工作液的净化和加工中产生的烟雾污染处理比较麻烦。

4. 使用范围

1) 加工具有复杂形状的型孔和型腔的模具和零件；
2) 加工各种硬、脆材料如硬质合金和淬火钢等；
3) 加工深细孔、异形孔、深槽、窄缝和切割薄片等；

4）加工各种成形刀具、样板和螺纹环规等工具和量具。

5. 电火花加工的零件

电火花加工零件如图 3-1-4 所示。

（二）电解加工（Electrochemical Machining）

电解加工，如图 3-1-5 所示。

图 3-1-4 电火花加工的零件

图 3-1-5 电解加工

1. 基本原理

基于电解过程中的阳极溶解原理并借助于成型的阴极，将工件按一定形状和尺寸加工成型的一种工艺方法，称为电解加工，如图 3-1-6 所示。

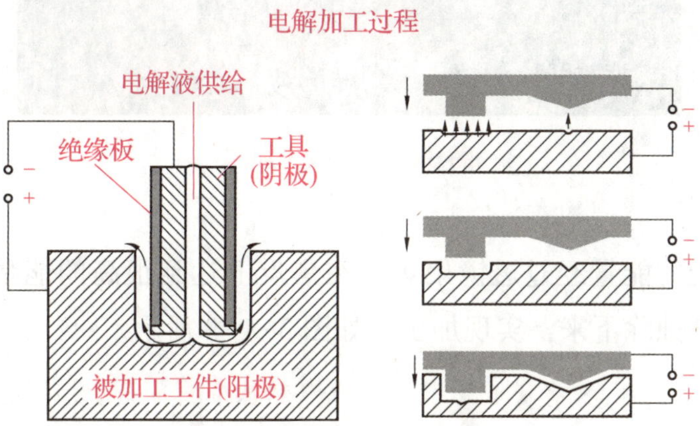

图 3-1-6 电解加工基本原理

2. 使用范围

电解加工对于难加工材料、形状复杂或薄壁零件的加工具有显著优势。电解加工已获得广泛应用，如炮管膛线、叶片、整体叶轮、模具、异型孔及异型零件、倒角和去毛刺等加工。并且在许多零件的加工中，电解加工工艺已占有重要甚至不可替代的地位。

3. 电解加工的优点

1）加工范围广。电解加工几乎可以加工所有的导电材料，并且不受材料的强度、硬度、韧性等机械、物理性能的限制，加工后材料的金相组织基本上不发生变化。它常用于加工硬质合金、高温合金、淬火钢、不锈钢等难加工材料。

2）生产率高。

3）加工质量好，尤其是表面质量。

4）可用于加工薄壁和易变形零件。电解加工过程中工具和工件不接触，不存在机械切削力，不产生残余应力和变形，没有飞边毛刺。

5）工具阴极无损耗，如图 3-1-7 所示。

图 3-1-7　电解加工工具阴极

4. 电解加工的局限性

1）加工精度和加工稳定性不高。

2）加工成本较高，且批量越小，单件附加成本越高。

（三）激光加工

激光加工，如图 3-1-8 所示。

图 3-1-8　激光加工

1. 基本原理

激光加工是利用光的能量经过透镜聚焦后在焦点上达到很高的能量密度，在极小时间内使材料熔化或气化而被蚀除下来，实现加工，如图 3-1-9 所示。

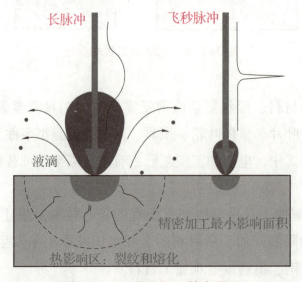

图 3-1-9　激光加工基本原理

2. 主要特点

激光加工技术具有材料浪费少、在规模化生产中成本效应明显、对加工对象具有很强的适应性等优势特点。在欧洲，对高档汽车车壳与底座、飞机机翼以及航天器机身等特种材料的焊接，基本采用的是激光技术。

3. 使用范围

激光加工作为激光系统最常用的应用，主要技术包括激光焊接、激光微雕、激光切割、表面改性、激光打标、激光钻孔、微加工及光化学沉积、立体光刻、激光蚀刻等。

1) 激光焊接如图 3-1-10 所示。

图 3-1-10　激光焊接

2) 激光微雕如图 3-1-11 所示。

图 3-1-11　激光微雕

3) 激光打标、蚀刻如图 3-1-12 所示。

图 3-1-12　激光打标、蚀刻

（四）电子束加工

电子束加工如图 3-1-13 所示。

1. 基本原理

电子束加工是利用高能量的会聚电子束的热效应或电离效应对材料进行的加工，如图 3-1-14 所示。

图 3-1-13　电子束加工

2. 主要特点

能量密度高，穿透能力强，一次熔深范围广，焊缝宽比大，焊接速度快，热影响区小，工作变形小。

3. 使用范围

电子束加工的材料范围广，加工面积可以极小；加工精度可以达到纳米级，实现分子或原子加工；生产率高；加工产生的污染小，但加工设备成本高。可以加工微孔、窄缝等，还可用来进行焊接和细微的光刻。真空电子束焊接桥壳技术是电子束加工在汽车制造业中的主要应用，如图 3-1-15 所示。

图 3-1-14 电子束加工基本原理

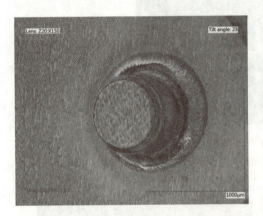 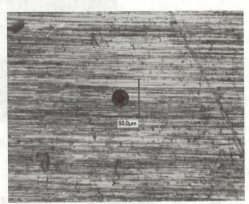

图 3-1-15 电子束加工的应用

（五）离子束加工（Ion Beam Machining）

离子束加工设备，如图 3-1-16 所示。

1. 基本原理

离子束加工是在真空状态下，将离子源产生的离子流，经加速、聚焦达到工件表面上而实现加工的，如图 3-1-17 所示。

 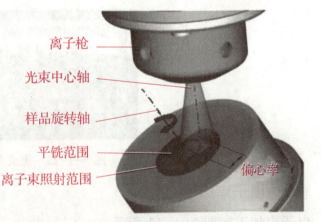

图 3-1-16 离子束加工设备　　　图 3-1-17 离子束加工平面铣削基本原理

2. 主要特点

由于离子流密度及离子能量可以精确控制，因而能精确控制加工效果，实现纳米级乃至分子、原子级的超精密加工。离子束加工时所产生的污染小，加工应力变形极小，对被加工材料的适应性强，但加工成本高。

3. 使用范围

离子束加工按其目的可以分为蚀刻及镀膜两种。

1）蚀刻加工：离子蚀刻用于加工陀螺仪空气轴承和动压马达上的沟槽，分辨率高，精度、重复一致性好。离子束蚀刻应用的另一个方面是蚀刻高精度图形，如集成电路、光电器件和光集成器件等电子学构件。离子束蚀刻还应用于减薄材料，制作穿透式电子显微镜试片。

2）离子束镀膜加工：离子束镀膜加工有溅射沉积和离子镀两种形式。离子镀可镀材料范围广泛，不论金属、非金属表面上均可镀制金属或非金属薄膜，各种合金、化合物、或某些合成材料、半导体材料、高熔点材料亦均可镀覆。离子束镀膜技术可用于镀制润滑膜、耐热膜、耐磨膜、装饰膜和电气膜等。

（六）等离子弧加工

等离子弧加工，如图 3-1-18 所示。

图 3-1-18　等离子弧加工

1. 基本原理

等离子弧加工是利用等离子弧的热能对金属或非金属进行切割、焊接和喷涂等的特种加工方法。

2. 主要特点

1）微束等离子弧焊可以焊接箔材和薄板。

2）具有小孔效应，能较好实现单面焊双面自由成形。

3）等离子弧能量密度大，弧柱温度高，穿透能力强，10~12mm 厚度钢材可不开坡口，能一次焊透双面成形，焊接速度快，生产率高，应力变形小。

4）设备比较复杂，气体耗量大，只宜于室内焊接。

3. 使用范围

广泛用于工业生产，特别是航空航天等军工和尖端工业技术所用的铜及铜合金、钛及钛合金、合金钢、不锈钢、钼等金属的焊接，如钛合金的导弹壳体、飞机上的一些薄壁容器等。

（七）超声加工

超声加工如图 3-1-19 所示。

图 3-1-19 超声加工

1. 基本原理

超声加工是利用超声频作小振幅振动的工具，并通过它与工件之间游离于液体中的磨料对被加工表面的捶击作用，使工件材料表面逐步破碎的特种加工，英文简称为 USM。超声加工常用于穿孔、切割、焊接、套料和抛光，如图 3-1-20 所示。

2. 主要特点

可以加工任何材料，特别适用于各种硬、脆的非导电材料的加工，加工精度高，加工表面质量好，但生产率低。

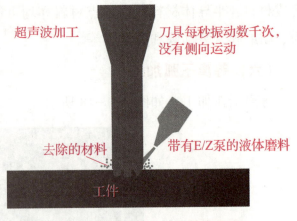

图 3-1-20 超声加工基本原理

3. 使用范围

超声加工主要用于各种硬脆材料，如玻璃、石英、陶瓷、硅、锗、铁氧体、宝石和玉器等的打孔（包括圆孔、异形孔和弯曲孔等）、切割、开槽、套料、雕刻，成批小型零件去毛刺、模具表面抛光和砂轮修整等方面。

（八）化学加工

1. 基本原理

化学加工是利用酸、碱或盐的溶液对工件材料的腐蚀溶解作用，以获得所需形状、尺寸或表面状态的工件的特种加工，如图 3-1-21 所示。

2. 主要特点

1）能加工任意金属材料，不受硬度、强度等性能的限制。

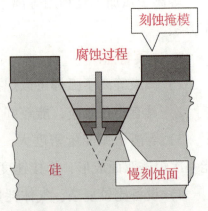

图 3-1-21 化学加工

2）适合大面积加工，并可同时加工多件。

3）不产生应力、裂纹、毛刺，表面粗糙度要求达 $Ra1.25 \sim Ra2.5 \mu m$。

4）操作简便。

5）不适宜加工狭窄槽、孔。

6）不宜消除表面不平、划痕等缺陷。

3. 使用范围

1）适于大面积厚度减薄加工；

2）适于在薄壁件上加工复杂型孔，如图3-1-22所示。

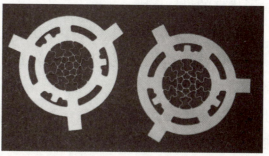

图3-1-22　薄壁件上复杂型孔化学加工

（九）快速成型

快速成型（RP）技术是在现代CAD/CAM技术、激光技术、计算机数控技术、精密伺服驱动技术以及新材料技术的基础上集成发展起来的，其产品如图3-1-23所示。不同种类的快速成型系统因所用成形材料不同，成型原理和系统特点也各有不同。但是，其基本原理都是一样的，那就是"分层制造，逐层叠加"，类似于数学上的积分过程。形象地讲，快速成型系统就像是一台"立体打印机"。

图3-1-23　快速成型产品

1. 基本原理

它可以在无须准备任何模具、刀具和工装卡具的情况下，直接接受产品设计（CAD）数据，快速制造出新产品的样件、模具或模型。因此，RP技术的推广应用可以大大缩短新产品开发周期、降低开发成本、提高开发质量。由传统的"去除法"到"增长法"，由有模制造到无模制造，这就是RP技术对制造业产生的革命性意义。

2. 主要特点

RP 技术将一个实体的复杂的三维加工离散成一系列层片的加工，大大降低了加工难度，具有如下特点：

1）成型全过程的快速性，适合现代竞争激烈的产品市场；

2）可以制造任意复杂形状的三维实体；

3）用 CAD 模型直接驱动，实现设计与制造高度一体化，其直观性和易改性为产品的完美设计提供了优良的设计环境；

4）成型过程无须专用夹具、模具、刀具，既节省了费用，又缩短了制作周期。

5）技术的高度集成性，既是现代科学技术发展的必然产物，也是对它们的综合应用，带有鲜明的高新技术特征。

以上特点决定了 RP 技术主要适合于新产品开发、快速单件及小批量零件制造、复杂形状零件的制造、模具与模型设计与制造，也适合于难加工材料的制造、外形设计检查、装配检验和快速反求工程等。

3. 使用范围

快速成形技术可应用于航空、航天、汽车、通信、医疗、电子、家电、玩具、军事装备、工业造型（雕刻）、建筑模型、机械行业等领域。

五、特种加工的主要运用领域

特种加工技术在国际上被称为 21 世纪的技术，对新型武器装备的研制和生产，起到举足轻重的作用。随着新型武器装备的发展，国内外对特种加工技术的需求日益迫切。不论飞机、导弹，还是其他作战平台都要求降低结构重量，提高飞行速度，增大航程，降低燃油消耗，达到战技性能高、结构寿命长、经济可承受性好的要求。为此，上述武器系统和作战平台都要求采用整体结构、轻量化结构、先进冷却结构等新型结构，以及钛合金、复合材料、粉末材料、金属间化合物等新材料。为此，需要采用特种加工技术，以解决武器装备制造中用常规加工方法无法实现的加工难题，所以特种加工技术的主要应用领域是：

1）难加工材料，如钛合金、耐热不锈钢、高强钢、复合材料、工程陶瓷、金刚石、红宝石、硬化玻璃等高硬度、高韧性、高强度、高熔点材料。

2）难加工零件，如复杂零件三维型腔、型孔、群孔和窄缝等零件的加工。

3）低刚度零件，如薄壁零件、弹性元件等零件的加工以高能量密度束流实现焊接、切割、制孔、喷涂、表面改性、刻蚀和精细加工。

六、特种加工发展方向及研究

根据上述现状，今后特种加工技术的发展方向是：

1）不断改进、提高高能束源品质，并向大功率、高可靠性方向发展。

2)高能束流加工设备向多功能、精密化和智能化方向发展,力求达到标准化、系列化和模块化的目的。扩大应用范围,向复合加工方向发展。

3)不断推进高能束流加工新技术、新工艺、新设备的工程化和产业化工作。

4)污染问题是影响和限制某些特种加工应用、发展的严重障碍,加工过程中产生的废渣、废气如果排放不当,会造成环境污染,影响工人健康。必须花大力气处理并利用废气、废渣、废液,向"绿色"加工的方向发展。

任务练习

一、填空题

1. _____ 是指那些不属于传统加工工艺范畴的加工方法,它不同于使用 _____、磨具等直接利用 _____ 切除多余材料的传统加工方法。

2. 特种加工直接利用 ____、____、____、____、____ 和电化学能,有时也结合 ____ 对工件进行的加工。

3. 离子束镀膜加工有 _____ 和 _____ 两种形式。

4. 超声加工是利用 ____ 作小振幅振动的工具,并通过它与工件之间游离于液体中的 ____ 对 ____ 表面的捶击作用,使工件材料表面逐步 ____ 的特种加工,英文简称为 USM。

5. 化学加工是利用 ____、____ 或盐的溶液对工件材料的 ____ 解作用,以获得所需形状、尺寸或表面状态的工件的特种加工。

二、选择题

1.(　　)是利用浸在工作液中的两极间脉冲放电时产生的电蚀作用蚀除导电材料的特种加工方法,又称放电加工或电蚀加工,英文简称 EDM。

　　A. 电解加工　　　　B. 激光加工　　　　C. 电子束加工　　　　D. 电火花加工

2.(　　)是利用光的能量经过透镜聚焦后在焦点上达到很高的能量密度,在极小时间内使材料熔化或气化而被蚀除下来,实现加工。

　　A. 电解加工　　　　B. 激光加工　　　　C. 电子束加工　　　　D. 电火花加工

3.(　　)是利用高能量的会聚电子束的热效应或电离效应对材料进行的加工。

　　A. 电解加工　　　　B. 激光加工　　　　C. 电子束加工　　　　D. 电火花加工

4.(　　)是在真空状态下,将离子源产生的离子流,经加速、聚焦达到工件表面上而实现加工的。

　　A. 离子束加工　　　B. 激光加工　　　　C. 电子束加工　　　　D. 电火花加工

5.(　　)是在现代 CAD/CAM 技术、激光技术、计算机数控技术、精密伺服驱动技术以及新材料技术的基础上集成发展起来的。

　　A. 离子束加工　　　　　　　　　　　　B. 快速成型(RP)技术

C. 电子束加工　　　　　　　　　　D. 电火花加工

三、简答题

1. 特种加工技术有哪些特点？
2. 电火花加工有哪些特点？
3. 特种加工的主要运用在哪些领域？

任务拓展

阅读材料——特种加工技术发展

特种加工是20世纪40年代发展起来的，由于材料科学、高新技术的发展和激烈的市场竞争、发展尖端国防及科学研究的急需，不仅新产品更新换代日益加快，而且产品要求具有很高的强度重量比和性能价格比，并正朝着高速度、高精度、高可靠性、耐腐蚀、耐高温高压、大功率、尺寸大小两极分化的方向发展。为此，各种新材料、新结构、形状复杂的精密机械零件大量涌现，对机械制造业提出了一系列迫切需要解决的新问题。例如，各种难切削材料的加工；各种结构形状复杂、尺寸或微小或特大、精密零件的加工；薄壁、弹性元件等刚度特殊零件的加工等。

对此，采用传统加工方法十分困难，甚至无法加工。于是，人们一方面通过研究高效加工的刀具和刀具材料、优化切削参数、提高刀具可靠性和在线刀具监控系统、开发新型切削液、研制新型自动机床等途径，进一步改善切削状态，提高切削加工水平，并解决了一些问题；另一方面，则冲破传统加工方法的束缚，不断地探索、寻求新的加工方法，于是一种本质上区别于传统加工的特种加工便应运而生，并不断获得发展。后来，由于新兴制造技术的进一步发展，人们就从广义上来定义特种加工，即将电、磁、声、光、化学等能量或其组合施加在工件的被加工部位上，从而实现材料被去除、变形、改变性能或被镀覆等的非传统加工方法统称为特种加工。

特种加工技术有如下特点

1) 与加工对象的机械性能无关，有些加工方法，如激光加工、电火花加工、等离子弧加工、电化学加工等，是利用热能、化学能、电化学能等，这些加工方法与工件的硬度强度等机械性能无关，故可加工各种硬、软、脆、热敏、耐腐蚀、高熔点、高强度、特殊性能的金属和非金属材料。

2) 非接触加工，不一定需要工具，有的虽使用工具，但与工件不接触，因此，工件不承受大的作用力，工具硬度可低于工件硬度，故使刚性极低元件及弹性元件得以加工。

3) 微细加工，工件表面质量高，有些特种加工，如超声、电化学、水喷射、磨料流等，加工余量都是微细进行，故不仅可加工尺寸微小的孔或狭缝，还能获得高精度要求的加工表面。

4）不存在加工中的机械应变或大面积的热应变，可获得较低的表面粗糙度要求，其热应力、残余应力、冷作硬化等均比较小，尺寸稳定性好。

5）两种或两种以上的不同类型的能量可相互组合形成新的复合加工，其综合加工效果明显，且便于推广使用。

6）特种加工对简化加工工艺、变革新产品的设计及零件结构工艺性等产生积极的影响。

任务二　认识激光加工技术

激光加工是一种以激光为能源的无接触式加工方法，是光、机、电一体化高度集成的设备。它是利用经聚焦的高功率密度激光束照射工作的，处于其焦点处的工件受到高功率密度的激光光斑照射，会产生1 000℃以上的局部高温，使工件瞬间气化，再配合辅助加工气体将气化的金属吹走，从而将工件切穿成一个很小的孔。随着数控机床的移动，无数个小孔连接起来就成了要加工的零件外形。在进入激光加工设备车间时，应遵守企业安全操作规程和6S管理标准，使学生养成严谨的工作作风，重视学生职业素养的养成，培养学生爱岗敬业、精益求精的工匠精神。

任务目标

掌握激光加工原理；
了解激光加工特点；
了解激光加工技术的应用；
培养学生职业素养。

任务描述

激光技术是20世纪60年代初发展起来的一门新兴科学技术，它影响人类生活的方方面面。由于激光具有强度高、单色性好、相干性好和方向性好等特点，在先进制造技术领域得到了广泛的应用，大大推动了制造业的发展。

知识链接

一、激光加工原理

1. 加工原理

人们知道,太阳光经凸透镜聚集后,焦点处温度可达300℃以上,能使易燃物冒烟燃烧,然而利用其进行机械加工则是十分困难的。激光则不同,由于它具有高方向性、高亮度、颜色单纯的特点,所以可以通过光学系统把激光束聚焦成一个极小的光斑(直径仅有几微米或几十微米),使光斑处获得极高的能量密度($10^7 \sim 10^{11}$ W/cm^2),产生很高的温度(可达上万摄氏度)。在此高温下,任何坚硬的材料都将瞬时(千分之几秒或更短的时间)被熔化和气化,产生很强的冲击波,使熔化物质爆炸式地喷射去除。因此,激光的聚焦点可以作为一种有效的工具,用来对任何材料进行去除加工。

激光加工原理如图3-2-1所示。当工作物质被光或放电电流等能源激发后,在一定的条件下可以使光得到放大,并通过光谐振腔的作用产生光的振荡,由部分反射镜输出激光束,通过透镜5聚焦到工件6的待加工表面,从而达到加工的目的。

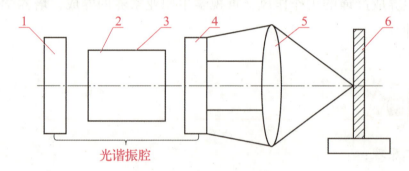

图 3-2-1 激光加工原理

1—全反射镜;2—工作物质;3—激励能源;4—部分反射镜;5—透镜;6—工件

2. 激光器的组成

激光器由激光工作物质2、激励能源3和由全反射镜1与部分反射镜4构成的光谐振腔组成。

1)工作物质。能辐射激光的物质叫作工作物质。目前已发现几百种能用来产生激光的材料,如红宝石、钕玻璃等,并制成了各种各样的激光器。

2)激励能源。能使工作物质辐射激光的能源叫作激励能源(或激发能源)。常用的激励能源有氙灯和氪灯照射等。

3)光谐振腔。光谐振腔的功用是使激光在输出轴方向上来回多次反射,从而通过互相激发造成光放大,以加强激光的输出。反射镜为镀在工作物质两端的反射膜,一般由两块组成,一块是反射率为100%的全反射镜,能使激光全部反射;另一块能部分反射,使一部分激光透过,形成激光输出。

激光器按其产生激光的工作物质类型可分为固体激光器、气体激光器、液体激光器和半导体激光器四大类。在机械加工中，由于固体激光器体积小，调整方便，应用较广。

二、激光加工的特点

1）加工范围广。由于激光加工的功率密度是各种加工方法中最高的一种，所以几乎能加工任何金属和非金属材料，如高熔点材料、耐热合金、硬质合金、有机玻璃、陶瓷、宝石、金刚石等硬脆材料。

2）操作简便。激光加工不需要真空条件，可在各种环境中进行。

3）适合于精密加工。激光聚焦后的焦点直径小至几微米，形成极细的光束。所以可以加工深而小的微孔和窄缝。

4）无工具损耗。激光加工不需要加工工具，是非接触加工，工件不受明显的切削力，可对刚性差的薄壁零件进行加工。

5）加工速度快、效率高，可减少热扩散带来的热变形。

6）可控性好，易于实现加工自动化。

7）激光加工装置小巧简单，维修方便。

三、激光加工技术的应用

利用激光能量高度集中的特点，激光快速成型技术、激光焊接技术、激光切割技术、激光打孔技术、激光标记技术、激光热处理技术和激光内腔加工技术在机械加工制造业中得以广泛的应用，对提高产品质量和劳动生产率、减少材料消耗有重要的意义。由于现代机械制造业的快速发展，它已不是传统意义上的机械制造，而是集机械、电子、光学、信息科学、材料科学、生物科学、激光学、管理学等最新成就为一体的一个新兴技术与新兴工业。

1. 激光打孔技术

激光打孔是激光加工中应用最广的方法，如图3-2-2所示。激光打孔技术具有精度高、通用性强、效率高、成本低和综合技术经济效益显著等优点，已成为现代制造领域的关键技术之一。它是利用凸镜将激光在工件上聚焦，焦点处的高温使材料瞬时熔化、气化、蒸发，好像一个微型爆炸。气化物质以超声速喷射出来，它的反冲击力在工件内部形成一个向后的冲击波，在此作用下将孔打出。激光打孔速度极快，打一个孔只需0.1s左右，效率高。目前常用于微细孔与超硬材料打孔，如金刚石拉丝模、柴油机喷嘴加工、钟表宝石轴承、化纤喷丝头等。

目前，工业发达国家已将激光深微孔技术大规模地应用到航空航天、汽车制造、电子仪表、化工等行业。国内目前比较成熟的激光打孔的应用是在人造金刚石和天然金刚石拉丝模的生产及钟表和仪表的宝石轴承、飞机叶片、多层印刷线路板等行业的生产中。目前，激光打孔朝着多样化、高速度、孔径更微小的方向发展。例如，在飞机机翼上打上5万个直径为

0.064mm 的小孔，可以大大减小气流对飞机的阻力，达到了节油的目的。

图 3-2-2　激光打孔技术

2. 激光切割技术

激光切割技术一直是激光加工中应用最广泛的一项技术，它与激光打孔的原理基本相同，都是将激光能量聚焦到很微小的范围内把工件"烧穿"，再用喷射气体吹化，以此分割材料，切割时要移动工件或激光束，沿切口连续打一排小孔即把工件割开。激光可以切割各种金属、陶瓷、玻璃、半导体材料、布、纸、橡胶、木材等材料，切割效率很高，切缝很窄，并可十分方便地切割出各种曲线形状，如图 3-2-3 所示。

激光切割与计算机自动控制设备相结合，激光束具有无限的仿形切割能力，切割轨迹修改方便；通过预先在计算机内设计的程序，可进行复杂零件整张板材的切割，一次装夹，可以完成多种不同零件的切割加工，提高生产效率，节省材料。激光切割无机械变形、无刀具磨损，容易实现自动化生产。

图 3-2-3　激光切割加工零件

3. 激光焊接技术

激光焊接是目前工业激光应用的第二大领域。激光焊接与激光打孔的原理有所不同，不需将材料"烧穿"，只需把材料烧熔，使其熔合在起即可，因此所需的能量比打孔小些。激光焊接时间短，生产率高，没有焊渣，被焊材料不易氧化，热影响小，不仅能焊接同种材料，而且可焊接不同种的材料，这是普通焊接无法实现的，如图 3-2-4 所示。

激光焊接技术适用于相同和不同金属材料间的焊接。激光焊接能量密度高，对高熔点、高导热率和物理特性相差很大的金属焊接特别有利。目前，汽车行业将不同材质的薄钢板实施激光拼接焊后冲压成型，激光拼接焊取代了电焊。

图 3-2-4　激光焊接零件

4. 激光标记技术

激光标记技术是近几年发展最快的一项应用技术。激光标记是利用高能量密度的激光对工件进行局部照射，使表层材料汽化或发生颜色变化的化学反应，从而留下永久性标记的一种技术。激光标记有许多独特的优点，能标记各种字体、图案、数字以及条形码，标记线宽可小于 0.01mm。可深可浅，对很小零件也可打标，这是其他标记方法不能实现的。

激光打的标记属永久性标记，不像喷墨打印的字可擦掉，可作防伪标记，不易被人假冒，属不接触加工，对零件表面也没有损伤；标记的字符清晰，图形质量好；效率很高，成本低，可对多种材料进行标记；由于计算机操作易于更换标记内容，也可以一个零件一个标记。由于有以上多种特点，所以应用越来越广泛，特别是多种电子器件、集成电路模块、汽车零件甚至汽车窗玻璃、导线、接插件、工具、医疗器械、精密仪器仪表、线路板、橡胶制品、计算机键盘、手机面板、精美礼品、玻璃制品等等，如图 3-2-5 所示。

图 3-2-5　激光标记零件

5. 激光表面热处理技术

激光的表面热处理主要是用激光对金属工件表面进行扫描，根据其扫描速度所决定的时间长短而引起的工件表面金相组织发生的变化分为表面淬火、粉末黏合等。此外还包括激光除锈，激光消除工件表面沉积物等。用激光进行表面淬火，工件表面的加热速度极快，内部受热极少，工件不产生热变形，特别适合于对齿轮、气缸筒等复杂的零件进行表面淬火。国外已应用于自动生产线上对齿轮进行表面淬火。同时由于不必用炉子加热，是敞开式的，故也适合于大型零件的表面淬火，如图 3-2-6 所示。

激光热处理是利用高能激光照射到金属表层，通过激光和金属的交互作用达到改善金属表面性能的目的。激光表面热处理技术包括激光相变硬化技术、激光涂覆技术、激光合金化技术、激光冲击强化技术等，这些技术对改变材料的机械性能、耐热性和耐腐蚀性等有重要作用。激光相变硬化（即激光淬火）是激光热处理研究最早、最多、进展最快、应用最广的一种新工艺，适用于大多数材料和不同形状零件的不同部位，可提高零件的耐磨性和抗疲劳强度。激光合金化和激光涂覆是利用高功率激光束快速扫描金属工件表面，使一种或多种合金元素与工件材料表面一起快速熔化再凝固，共同形成硬化层。激光表面合金化技术是材料表面局部改性处理的新方法，激光冲击强化使用脉冲宽度极短的激光照射到材料表面，可以产生高强度冲击，使得金属材料的机械性能改善，阻止裂纹的产生和扩展，提高钢、铝、铁等合金的强度和硬度，改善其抗疲劳性能。激光热处理技术在汽车工业应用广泛，如缸套、曲轴、活塞环、换向器、齿轮等零部件的热处理，同时在航空航天、机床行业和其他机械行业也应用广泛。

图 3-2-6　激光表面热处理

6. 激光内腔加工技术

在光电通信、制导和雷达等军工和医疗器械上，经常有一些高精度的内腔形体零件，这些零件口小型腔大，有的内腔形状还比较复杂。如果用传统的工艺方法，将它一分为二分别进行加工，尽管能保证两体加工精度很高，但是在合二为一的装配中，无论什么装配方法，都避免不了装配误差的存在，影响了产品的使用性能，难以实现产品设计师的构想。

伴随 MEMS（Micro-Electrome-Chanical Systems，微机械机电系统）技术的发展，越来越多"口小肚子大"的内腔形体零件，需要机械制造业突破原有的工艺方法去实现加工。因此，加工复杂高精度内腔形体难题已成为机械制造业刻不容缓亟待解决的问题。借助激光技术和计算机技术的发展，把激光对透明材料的作用机理运用到内腔加工上，使上述问题的解决成为现实。激光在固体材料、透明材料内部对材料产生作用，若激光的功率密度大于介质的破坏值，则在激光作用的很短时间内，强激光的辐射将导致介质吸收大量的激光能量，产生使材料破坏的内爆力，形成空隙，达到体内局部切割的作用。由于切割过程相当迅速，聚焦点周围热传递造成的热损伤几乎为零。该方法是非接触加工，因此加工过程无变形、无噪声和化学污染。

激光加工在先进机械制造中还有许多应用，在此不再一一介绍。总之，激光加工是一门崭新的技术，是一种极有发展前途的新工艺。今后，随着我国工业和科学事业的发展，它会逐渐克服由于其加工精度不够高、激光器的输出功率不太高等缺点的限制，获得更为广泛的应用。

任务练习

一、填空题

1. 激光加工是一种以_____为能源的_____加工方法,是光、机、电一体化高度集成的设备。

2. 由于激光具有_____、_____、_____和_____等特点,在先进制造技术领域得到了广泛的应用,大大推动了制造业的发展。

3. 激光器由激光_____、_____和由_____与部分_____构成的光谐振腔组成。

4. 激光的表面热处理主要是用_____对金属工件表面进行_____,根据其扫描速度所决定的时间长短而引起的工件表面_____发生的变化分为表面淬火、粉末黏合等。

5. _____是一门崭新的技术,是一种极有发展前途的_____。

二、判断题

1. 光谐振腔的功用是使激光在输出轴方向上来回多次反射,从而通过互相激发造成光放大,以加强激光的输出。( )

2. 激光切割无机械变形、无刀具磨损,不容易实现自动化生产。( )

3. 激光焊接时间短,生产率高,没有焊渣,被焊材料不易氧化,热影响小,不仅能焊接同种材料,而且可焊接不同种的材料,这是普通焊接无法实现的。( )

4. 激光打的标记属永久性标记,不像喷墨打印的字可擦掉,可作防伪标记,不易被人假冒,属不接触加工,对零件表面也没有损伤。( )

三、简答题

1. 激光加工有哪些特点?
2. 激光加工在先进制造中主要有哪些应用?

任务拓展

阅读材料——激光行业发展前景

激光加工装备行业是国家政策重点扶持领域,近几年,在工业4.0背景下,国家推出"中国制造2025"计划,将智能制造作为主攻方向,推进制造过程智能化,要求创新性开展先进制造、智能制造、智能装备等研究。激光加工制造的特点在于激光易于控制,可以将激光加工系统、机器人系统与计算机数控技术等相结合,柔性化程度高、加工速度快、出产效率高、产品出产周期短,行业具有广阔的发展前景。在政策助力下,激光加工装备行业有望迎来快速成长。

中小功率激光切割设备作为使用刀具类机床的替代产业，随着传统产业的技术升级、产业结构调整以及产品个性化需求趋势的发展加快，激光设备将在越来越多的领域普及，产业应用具有巨大的发展前景。高功率激光切割及焊接设备方面，随着制造业转型升级，未来对生产工艺和质量的新要求将促使激光工艺的渗透率不断提升。

激光加工技术是一种应用定向能量进行非接触加工的新型加工技术，可与其他众多技术融合、孕育出新兴技术和产业，将对许多传统加工产业产生重大冲击。随着皮秒、飞秒激光技术的逐步成熟和产业化，激光将更广泛地应用于蓝宝石、特种玻璃、陶瓷等脆性材料的精密加工，支撑半导体、消费电子等产业的发展。

我国华中地区、珠三角地区、长三角地区、环渤海地区逐步发展成为全球重要的激光产业基地，分布大量激光企业、激光研究机构和应用工厂，逐步形成激光基础材料、激光光学器件、激光器、激光器配套件、激光应用开发系统、公共服务平台等环节构成的较完整的产业链条。

目前，我国提出提高资源使用效率，降低生产过程中的污染成本，发展新能源，通过实施绿色战略来实现经济的可持续发展。高效率、低能耗、低噪声的环保制造技术将是未来工业加工的趋势。

任务三　认识 3D 打印技术

3D 打印技术，是快速成型技术的一种，它是一种以数字模型文件为基础，运用粉末状金属或塑料等可黏合材料，通过逐层打印的方式来构造物体的技术，如图 3-3-1 所示。通过本任务的学习，希望学生动手自己加工产品，让学生体验成功的快乐，从而喜欢自己的专业，进而不断钻研，让所学知识服务于社会，为社会的发展贡献自己的力量。

图 3-3-1　3D 打印技术

项目三 先进加工技术 87

任务目标

掌握3D打印的概念；

了解3D打印技术的优势；

了解3D打印技术基本原理；

了解3D打印技术的主要应用；

树立刻苦钻研、奉献社会的精神。

任务描述

3D打印是一种"自下而上"分层添加材料实现快速产品制造的技术，具有制造成本低、生产周期短等明显优势，被誉为"第三次工业革命最具标志性的生产工具"。本任务主要介绍3D打印的概念、优势及工作原理，重点了解3D打印的主要应用。

知识链接

一、3D打印的概念

3D打印（3D Printing）技术，也称增材制造（Additive Manufacturing，AM）技术，3D打印（Rapid Prototyping，RP）技术，该技术是通过CAD设计数据采用材料逐层累加的方法制造实体零件的技术，相对于传统的材料去除（切削加工）技术，是一种"自下而上"材料累加的制造方法。3D打印技术自20世纪80年代末逐步发展为一种全新概念的先进制造技术。3D打印涉及的技术集成了CAD建模、测量、接口软件、数控、精密机械、激光、材料等多种学科。

美国材料与试验协会（ASTM）2009年成立的添加制造技术子委员会F42公布的明确的概念定义：3D打印是一种与传统的材料去除加工方法截然不同的，基于三维数字模型的，通常采用逐层制造方式将材料结合起来的工艺。3D打印技术内容涵盖了产品生命周期前端的"快速原型"（Rapid Prototyping）和全生产周期的"快速制造"（Rapid Manufacturing）相关的所有打印工艺、技术、设备类别和应用。自1984年Charles Hull制作出第一台3D打印机以来，3D打印技术历经了近30年的发展，正逐步成为最有生命力的先进制造技术之一。

二、3D打印技术的优势

2013年麦肯锡发布"展望2025",而3D打印被纳入决定未来经济的12大颠覆技术之一。增材制造技术为我国制造业发展和升级提供了历史性机遇。增材制造可以快速、高效地实现新产品物理原型的制造,为产品研发提供快捷技术途径。该技术降低了制造业的资金和人员技术门槛,有助于催生小微制造服务业,有效提高就业水平,有助于激活社会智慧和资金资源,实现制造业结构调整,促进制造业由大变强。3D打印的十大优势如下。

优势1:制造复杂物品不增加成本。就传统制造而言,物体形状越复杂,制造成本越高。对3D打印机而言,制造形状复杂的物品成本不增加。制造一个华丽的形状复杂的物品并不比打印一个简单的方块消耗更多的时间、技能或成本。制造复杂物品而不增加成本将打破传统的定价模式,并改变我们计算制造成本的方式。

优势2:产品多样化不增加成本。一台3D打印机可以打印许多形状,它可以像工匠一样每次都做出不同形状的物品。传统的制造设备功能较少,做出的形状种类有限。3D打印省去了培训机械师或购置新设备的成本,一台3D打印机只需要不同的数字设计蓝图和一批新的原材料。

优势3:无须组装。3D打印能使部件一体化成形。传统的大规模生产建立在组装线基础上,在现代工厂,机器生产出相同的零部件,然后由机器人或工人(甚至跨洲)组装。产品组成部件越多,组装耗费的时间和成本就越多。3D打印机通过分层制造可以同时打印一扇门及上面的配套铰链,不需要组装。省略组装就缩短了供应链,节省在劳动力和运输方面的花费。供应链越短,污染也越少。

优势4:零时间交付。3D打印机可以按需打印。即时生产减少了企业的实物库存,企业可以根据客户订单使用3D打印机制造出特别的或定制的产品满足客户需求,所以新的商业模式将成为可能。如果人们所需的物品按需就近生产,零时间交付式生产能最大限度地减少长途运输的成本。

优势5:设计空间无限。传统制造技术和工匠制造的产品形状有限,制造形状的能力受制于所使用的工具。例如,传统的木制车床只能制造圆形物品,轧机只能加工用铣刀组装的部件,制模机仅能制造模铸形状。3D打印机可以突破这些局限,开辟巨大的设计空间,甚至可以制作目前可能只存在于自然界的形状。

优势6:零技能制造。传统工匠需要当几年学徒才能掌握所需要的技能。批量生产和计算机控制的制造机器降低了对技能的要求,然而传统的制造机器仍然需要熟练的专业人员进行机器调整和校准。3D打印机从设计文件里获得各种指示,做同样复杂的物品,3D打印机所需要的操作技能比注塑机少。非技能制造开辟了新的商业模式,并能在远程环境或极端情况下为人们提供新的生产方式。

优势7:不占空间、便携制造。就单位生产空间而言,与传统制造机器相比,3D打印机的制造能力更强。例如，注塑机只能制造比自身小很多的物品，而3D打印机调试好后，打印设备可以自由移动，打印机可以制造比自身还要大的物品。较高的单位空间生产能力使得3D打印机适合家用或办公使用，因为它们所需的物理空间小。

优势8：减少废弃副产品。与传统的金属制造技术相比，3D打印机制造金属时产生较少的副产品。传统金属加工的浪费量惊人，90%的金属原材料被丢弃在工厂车间里。3D打印制造金属时浪费量减少。随着打印材料的进步，"净成形"制造可能成为更环保的加工方式。

优势9：材料无限组合。对当今的制造机器而言，将不同原材料结合成单一产品是件难事，因为传统的制造机器在切割或模具成形过程中不能轻易地将多种原材料融合在一起，随着多材料3D打印技术的发展，我们有能力将不同原材料融合在一起。以前无法混合的原料混合后将形成新的材料，这些材料色调种类繁多，具有独特的属性或功能。

优势10：精确的实体复制。比如数字音乐文件可以被无休止地复制，音频质量并不会下降。未来，3D打印将数字精度扩展到实体世界。扫描技术和3D打印技术将共同提高实体世界和数字世界之间形态转换的分辨率，我们可以扫描、编辑和复制实体对象，创建精确的副本甚至优化原件。

三、3D打印技术基本原理

3D打印技术主要应用离散、堆积原理。任何产品都可以看成许多等厚度的二维平面轮廓沿某一坐标方向叠加而成。3D打印技术的成形过程是：先由计算机辅助设计CAD软件设计出所需产品的计算机三维CAD模型，表面三角化处理，存储成STL文件格式；然后根据其工艺要求，将其按一定厚度进行分层切片，把原来的三维CAD模型切分成二维平面几何信息，即截面轮廓信息，再将分层后的数据进行一定的处理，加入加工参数并生成数控代码；在计算机控制下数控系统以平面加工方式有顺序地连续加工，从而形成各截面轮廓并逐步叠加并使它们自动黏接成立体原型，经过后续处理最终得到所需要成形的零件（见图3-3-2）。

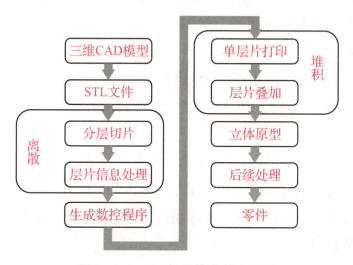

图3-3-2　3D打印技术基本原理

1. 三维设计

3D 打印的设计过程是：先通过计算机辅助设计（CAD）或计算机动画建模软件建模，再将建成的三维模型"分割"成逐层的截面，从而指导打印机逐层打印。

设计软件和打印机之间协作的标准文件格式是 STL 文件格式。一个 STL 文件使用三角面来大致模拟物体的表面。三角面越小其生成的表面分辨率越高。

2. 打印过程

打印机通过读取文件中的横截面信息，用液体状、粉状或片状的材料将这些截面逐层地打印出来，再将各层截面以各种方式黏合起来从而制造出一个实体。这种技术的特点在于其几乎可以造出任何形状的物品。

传统的制造技术如注塑法可以以较低的成本大量制造聚合物产品，而 3D 打印技术则可以以更快，更有弹性以及更低成本的方法生产数量相对较少的产品。比如一个桌面尺寸的 3D 打印机就可以满足设计者或概念开发小组制造模型的需要。

3. 打印完成

目前 3D 打印机的分辨率对大多数应用来说已经足够了（在弯曲的表面可能会比较粗糙，像图像上的锯齿一样）。也可以先用当前的 3D 打印机打出稍大一点的物体，再稍微经过表面打磨即可得到表面光滑的"高分辨率"物品。

在打印的过程中可能还会用到支撑物，比如在打印出一些有倒挂状的物体时就需要用到一些易于除去的东西（如可溶的东西）作为支撑物。

四、3D 打印技术的主要应用

目前，3D 打印技术已在工业设计、模具制造、机械制造、航空航天、文化艺术、军事、建筑、影视、家电、轻工、医学、考古、教育等领域都得到了应用。随着技术自身的发展，其应用领域将不断拓展。3D 打印技术在上述领域中应用主要体现在以下几个方面。

（一）3D 打印技术的实际应用

1. 开源 3D 打印枪支

美国得克萨斯州"固体概念"3D 打印公司设计制造的世界第一把 3D 打印金属手枪，有 30 个零件，已经成功射出了 50 发子弹，显示了 3D 打印技术在强度和精度方面的技术进步。

2. 3D 打印无人飞行器

3D 打印技术以其快速成型的特点在产品开发与优化方面具有明显优势。英国南安普顿大学设计和试飞了世界上第一架打印的飞机，采用 EOSINTP730 尼龙激光烧结打印机。由英国利兹大学学生设计的翼展 1.5m 的无人机，通过 3D 打印技术优化结构和空气动力学性能，而用其他方法就很难并且代价昂贵。

3. 3D 打印飞机零件

飞机框架传统制造工艺需要万吨级重型锻造装备、系列大型锻造模具等。传统制造工艺的材料加工量大，利用率低，加工周期长，成本高。

4. 医学辅助快速原型制造

例如，某患者颅底肿瘤位置深，肿瘤与颈内动脉、视神经、垂体柄等周边重要结构关系复杂，手术难度十分大。

2014年1月4日，中南大学湘雅医院神经外科，依据患者的CT和MRI（核磁共振）图像建立实际模型，用3D技术打印颅内复杂肿瘤原型，让医生在手术前充分了解脑内肿瘤部位周围组织的毗邻关系，在完整切除肿瘤的同时最大限度地保护肿瘤周围正常组织，降低了并发症和后遗症的发生率，手术非常成功。

5. 人体骨骼快速制造

2012年，生物打印技术的发明者之一，曼彻斯特大学教授Brian Derby在《科学》杂志上发表了综述，阐述了用打印技术生产细胞和组织结构的新进展，以及该技术用于再生医学的前景。Derby教授介绍了利用3D生物打印实验，制造多孔结构骨骼"脚手架"用于生长细胞，之后植入人体。这种"脚手架"包含数千微孔，其中注入造骨细胞。造骨细胞培育生长的同时，"脚手架"生物分解消失。目前世界各地都在对这一技术进行临床试验。

另一种成功的应用是制造钛合金骨骼支架，如3D打印下颚，又如瑞典的一个女孩通过3D打印髋骨移植，摆脱了轮椅。

6. 生物活体器官重造

生物打印（Bioprinting）是用计算机辅助转移工艺制造和装配活性与非活性材料成为给定的二维或三维组织，以生成生物工程结构，可用于再生药物、药理学和基本的细胞生物学研究。

3D生物打印技术利用类似喷墨打印机的技术，直接生成三维生物组织，3D生物打印机有两个打印头，一个放置最多达8万个人体细胞，被称为"生物墨"，另一个可打印"生物纸"所谓生物纸其实主要成分为水的凝胶，可用作细胞生物的支架。3D生物打印机使用来自患者自己身体的细胞，而不会产生排异反应。生物打印机与普通3D打印机的不同之处在于，它不是利用一层层的塑料，而是利用一层层的生物构造块，去制造真正的活体组织。

（二）部分领域3D打印发展趋势

1. 工业3D打印

1）在生产流程和生产工艺环节对传统制造业的全面渗透和覆盖，特别是在铸造、模具行业广泛应用。

2）稳定性、精密度将会大幅提高，材料可以全面突破，成本大幅降低、打印速度将显著提高。

2. 生物3D打印

1）将不再局限打印牙齿、骨骼修复等方面，打印部分人器官将成为常态。

2）整体应用推广将取决于各个国家的政策支持程度。

3）复杂的细胞组织和器官打印还有很多技术难题需要突破。

3. 军事 3D 打印

1）将实现武器装备半成品制造、现场塑造和部署，根据周围环境和作战目标，优化调整设计参数，实现环境自适应，大大提高武器装备的环境适应能力、伪装效果和作战效能。

2）小批量制造成本低、速度快，显著降低武器装备特别是复杂武器装备的制造风险、缩短研发周期。

3）具备快速制造不同零部件的能力，可有效提升武器装备维修保障的实时性、精确性。

五、3D 打印世界之最

世界最大 3D 打印机如图 3-3-3 所示，图中这套巨无霸设备名为"big delta"，它高达 12 米，是专门为进行大型物体 3D 打印而建造的大型 3D 打印机。

世界最小 3D 打印魔方如图 3-3-4 所示，这款微型 3D 打印魔方来自俄罗斯的艺术家格里高列夫之手，堪称世界上最小的魔方，这个魔方的边长只有 1 厘米，打破了原为 1.2 厘米的世界纪录。

图 3-3-3 世界最大 3D 打印机

图 3-3-4 世界最小 3D 打印魔方

世界最小 3D 打印机如图 3-3-5 所示，这款全球最小的 3D 打印机名为 XEOS，由德国工业设计师 Stefan Reichert 打造，它的长、宽、高分别为 47cm、25cm、43cm，是目前世界上体积最小的 3D 打印机。

世界最小的 3D 打印电钻如图 3-3-6 所示，来自新西兰的技术宅 Lance Abernethy 做的一个全世界最小的电钻，关键是这个电钻是能用的。整个电钻的内部结构工作原理和普通电钻一模一样，唯一不同的是这个电钻的钻孔是毫米级的。

图 3-3-5 世界最小 3D 打印机

图 3-3-6 世界最小的 3D 打印电钻

世界首款 3D 打印汽车如图 3-3-7 所示，Urbee 2 是世界上首款完全使用 3D 打印技术制造的汽车，该车配备三个车轮，动力为 7 马力（5kW），采用后轮驱动，电力驱动模式下 Urbee 2 的行驶里程可以达到 64 公里。

如图 3-3-7　世界首款 3D 打印汽车

世界首款 3D 打印跑车如图 3-3-8 所示，来自美国旧金山的 Divergent Microfactories（DM）公司推出了世界上首款 3D 打印超级跑车"刀锋（Blade）"。整车质量仅为 1400 磅（约合 0.64 吨），从静止加速到每小时 60 英里（96 公里）仅用时两秒，轻松跻身顶尖超跑行列。

图 3-3-8　世界首款 3D 打印跑车

世界首架 3D 打印飞机如图 3-3-9 所示，"SULSA"是一架使用 3D 打印机制造的小型无人驾驶飞机，翼展 2 米，最高时速可达 100 英里，还配备有微型自动驾驶系统，可用于巡航。这是世界上第一架"3D 打印"飞机，目前已试飞成功。

图 3-3-9　世界首架 3D 打印飞机

世界首辆 3D 打印摩托车如图 3-3-10 所示，在加州 RAPID 2015 展会上，出现了全球首辆全功能的 3D 打印摩托车。除了发动机、各种电子器件、传送带、制动系统及一些螺栓之外，这辆摩托车的其他部分全部都是用 ABS 塑料打印而成的，而且它可以承载两位成人骑手的重量。

由 MX3D 公司负责开发和设计、由 Heijmans 完成的世界首座 3D 打印桥梁坐落在在荷兰阿姆斯特丹运河上，这座桥梁将通过 3D 打印机器人来完成，并且由运河的一端慢慢向另一端完成，而并不像传统建桥方式那样两端同时进行，如图 3-3-11 所示。

图 3-3-10　世界首辆 3D 打印摩托车

如图 3-3-11　世界首座 3D 打印桥梁

世界最大 3D 打印建筑结构如图 3-3-12 所示，2015 北京国际设计周，来自北京市侨福芳草地展区中庭空间的 VULCAN，成为世界最大的建筑学意义上的三维打印构筑物，获吉尼斯世界纪录。

世界首台 3D 打印空调如图 3-3-13 所示，海尔集团在上海举办的世界家电博览会上展示了一款 3D 打印出来的空调。海尔宣称，这是世界上首款 3D 打印空调机。这款空调采用了可定制的 3D 打印部件，可以让消费者实现功能和装饰上的完美协调。

图 3-3-12　世界最大 3D 打印建筑结构

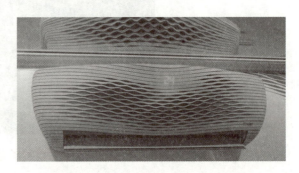

图 3-3-13　世界首台 3D 打印空调

任务练习

一、填空题

1. 3D 打印技术，即＿＿＿＿＿技术的一种，它是一种以＿＿＿＿＿模型文件为基础，运用粉末状金属或塑料等＿＿＿＿＿材料，通过＿＿＿＿＿的方式来构造物体的技术。

2. 3D 打印是一种"＿＿＿＿＿"分层添加材料实现快速产品制造的技术，具有制造成本低、生产周期短等明显优势，被誉为"＿＿＿＿＿＿＿"。

3. 3D 打印的设计过程是：先通过计算机辅助设计（CAD）或计算机＿＿＿＿＿软件建模，再将建成的三维模型"分割"成＿＿＿＿＿的截面，从而指导打印机＿＿＿＿＿。

4. 设计软件和打印机之间协作的标准文件格式是_____文件格式。

5. 目前，3D打印技术已在工业设计、模具制造、机械制造、_____、文化艺术、军事、建筑、_____、家电、轻工、_____、考古、_____等领域都得到了应用。

二、简答题

1. 3D打印技术的概念？
2. 3D打印发展趋势？
3. 3D打印技术的实际应用有哪些？

任务拓展

阅读材料——3D打印的发展趋势

中国的3D打印产业发展迅速，仍存在部分核心技术与材料依赖进口、产业资源"小而散"、产业化程度不高等问题。但作为全球制造业第一大国和人口第一大国，不论是工业应用还是个人消费，其增长潜力都得到了国内外专家与企业界的一致认可。

1. 工业应用领域不断拓展，个人消费需求开始爆发

3D打印在制造自由度、原材料利用率等方面具有明显优势，尤其适用于小批量、定制化的加工制造。近年来，3D打印在工业应用和个人消费两个市场均取得了长足发展：工业应用的下游行业不断拓展，直接零部件制造的占比也逐年提高；个人消费市场虽起步较晚，但近年来呈现快速爆发趋势。3D打印技术的行业应用主要分布于消费电子、汽车、医疗、航空航天、建筑、科研等领域。

2. 医疗器械的定制化需求恰是3D打印的优势所在，"生物打印"令人憧憬

医疗行业存在大量的定制化需求，难以进行标准化、大批量生产，而这恰是3D打印技术的优势所在。目前，3D打印技术在助听器材制造、牙齿矫正与修复、假肢制造等领域已经得到了成功应用且已经比较成熟。利用3D打印制造出的牙桥等制品更加精确精细，相比传统制造方式也更加方便快捷。同样，利用3D打印技术可以很好地实现对剩余肢体的复制，制造出的假肢也更加符合人体工学，在欧洲使用3D打印的钛合金骨骼的患者已经超过3万例，美国一家医院甚至用3D打印出的头骨替换了患者高达75%的受损骨骼。

3. 航空航天是3D打印最具前景的应用领域之一

中国的钛合金激光快速成型技术国际领先航空航天设备制造是3D打印最具前景的应用领域之一，原因主要在于：第一，航空航天设备往往具有"多品种、小批量"的特点，尤其在试制阶段许多零部件都需要单件定制，若采取传统工艺则周期长、成本高，3D打印则可以实现低成本快速成型；第二，出于减重与强度要求，航空航天设备中复杂结构件或大型异构件的比例越来越高，若采用传统的"锻造+机加工"方式，则所需工序繁多、工艺复杂，甚至根本无法直接加工，而3D打印在复杂部件加工方面具有明显优势；第三，采用传统工艺加工飞机零部件的原材料利用率只有10%左右，其他部分都在铸模、锻造、切割和打磨过程中浪费了，而3D打印的增量制造方式可将原材料利用率提高至90%以上。

我国的大型钛合金结构件激光成形技术具有国际领先水平，是目前世界上唯一掌握了飞机钛合金大型主承力结构件激光快速成型技术并实现装机应用的国家。另据媒体报道，在舰载机、四代机等新型军用飞机的研制过程中，3D打印技术已经发挥了重要作用，承担了包括起落架在内的钛合金主承力构件的试制任务。

4. 在消费电子与汽车行业，3D打印技术主要用于设计原型制造及模具开发

从全球范围来看，消费电子与汽车行业是3D打印技术最主要的两个应用领域，分别占20%左右的市场份额。从具体用途来看，3D打印技术在上述两个行业的应用主要集中于设计原型制造及生产过程中的模具加工。借助3D打印技术辅助设计和测试，可以大幅缩短新产品研发周期、降低试制与试验成本。

最近，国内实业界和资本市场对于3D打印的热情急剧升温。甚至有专家认为，3D打印作为一项颠覆性的制造技术，谁能够最大程度地研发、应用，谁就能掌握制造业乃至工业发展的主动权。

模块二 机械加工技术的应用

项目四

车削加工技术

知 识 树

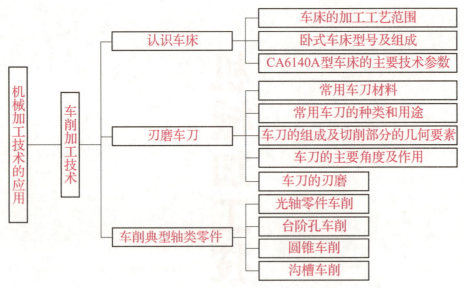

任务一　认识车床

车床是用车刀对工件回转面进行车削加工的机床。车床除能车削零件的内、外圆柱面、端面和圆锥面外，带有马鞍的车床还能车削大直径或畸形零件，还可完成钻孔、铰孔和拉油槽等加工。公制丝杠机床或英制丝杠机床，可完成公、英制、模数、径节和周节螺纹车削加工。在机械制造和修理部门得到广泛应用。车工劳动强度相对较高，要求操作者细心、更要有耐心，有利于培养学生思虑周全、细致缜密的职业素养。

任务目标

掌握车床的加工工艺范围；

了解卧式车床型号及组成；

了解 CA6140A 型车床的主要技术参数。

培养学生思虑周全、细致缜密的职业素养。

任务描述

车床是主要利用车刀对旋转的工件进行车削加工的机床。如图 4-1-1 所示，它主要用于加工轴、盘、套和其他具有回转表面的零件，还可用钻头、扩孔钻、铰刀、丝锥、板牙和滚花工具等进行相应的加工，是机械制造和修配工厂中使用最广的一类机床。

图 4-1-1　CA6140A 型卧式车床

知识链接

一、车床的加工工艺范围

车削加工时，主运动为工件的旋转运动，进给运动为车刀的移动。车削加工的工艺范围很广，可以加工出各种类型的带有旋转体表面的零件，如内外圆柱面、内外圆锥面、内外成形面、内外螺旋面等（表 4-1-1），其尺寸公差等级达到 IT6～IT11，表面粗糙度要求值达 $Ra0.8～Ra12.5\mu m$。另外，在车床上安装夹具和附件之后还可以进行镗孔、铣削、磨削、研磨、抛光等加工。

表 4-1-1　车床的加工工艺范围

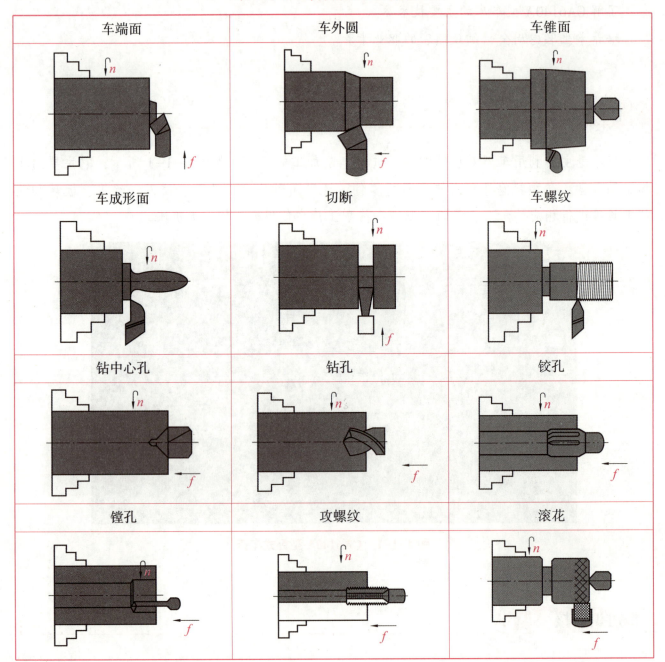

二、卧式车床型号及组成

(一) 卧式车床的型号

GB/T 15375—2008《金属切削机床型号编制方法》中规定，机床型号由汉语拼音字母和阿拉伯数字组成。车床的型号很多，以 CA6140A 车床为例，介绍车床型号中字母与数字的含义。

CA6140A：

C——类别：车床；

A——结构特性代号，CA 系列产品，以"A"型为基型，派生出几种变形产品。B 型：主轴孔径 80mm；C 型：主轴孔径 104mm；F 型：液压仿形；M 型：精密型。

6——组别：落地或卧式车床；

1——型别：卧式车床；

40——主参数：床身上最大回转直径的 1/10，即床身上最大回转直径为 400mm；

A——改进次数：第一次重大改进。

（二）卧式车床的组成

CA6140A 型卧式车床由"四箱""两杠""一杆""一架""一座"及"一床身"组成，如图 4-1-2 所示。

1. 主轴箱

主轴箱又称床头箱（图 4-1-3），它固定在床身的左端。在主轴箱中装有轴，以及使主轴变速和变向的传动齿轮。通过卡盘等夹具装夹工件，主轴带动工件按需要的转速旋转，实现主运动。

图 4-1-2　CA6140A 型卧式车床的组成

图 4-1-3　CA6140A 型车床主轴箱

2. 进给箱/交换齿轮箱

进给箱又称走刀箱（图 4-1-4），它位于床身的左前侧。进给箱中装有进给运动的变速装

图 4-1-4　CA6140A 型车床的交换齿轮箱和进给箱

置及操纵机构，主要用于改变进给量的大小。主轴的运动由交换齿轮箱（通过搭配不同齿数的齿轮，获得不同的进给量，以便加工不同螺距的螺纹）传入进给箱，通过转动变速手柄来改变进给箱中滑动齿轮的啮合位置，从而带动光杠或丝杠以不同的转速转动，最终再通过溜板箱带动刀具，实现直线的进给运动。

3. 溜板箱

溜板箱的作用是将光杠或丝杠传来的旋转运动改变为刀架的自动直线进给运动，如图4-1-5所示。

4. 光杠与丝杠

光杠与丝杠（图4-1-6）将进给箱的运动传给溜板箱。加工螺纹时用丝杠传动，其他表面的自动横向或纵向进给用光杠传动。丝杠的传动精度比光杠高，但二者互锁，不能同时使用。

5. 刀架

刀架用来装夹刀具并带动刀具做纵向、横向、斜向等多方向的进给运动。刀架为多层结构（图4-1-7），主要由以下几部分组成。

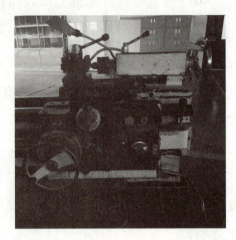

图4-1-5 CA6140A型车床的溜板箱

1）床鞍。床鞍与溜板箱相连，可带动车刀沿床身上的导轨做纵向移动，其上有横向导轨。

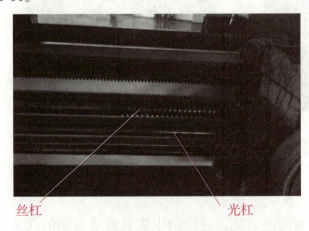

图4-1-6 CA6140A型车床的光杠与丝杠

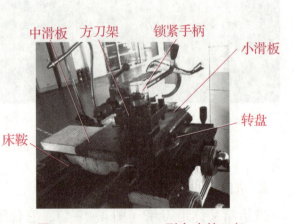

图4-1-7 CA6140A型车床的刀架

2）中滑板。中滑板的作用是带动车刀沿床鞍上的横向导轨做与床身上导轨垂直的横向移动。

3）方刀架。方刀架固定在小滑板上，专门用来装夹车刀（可同时夹持4把）。当逆时针松开锁紧手柄，即可转动方刀架，选择所用刀具并将其更换到正确的工作位置；反之则将方刀架锁紧，以便承受加工中的各种力对刀具的作用。

4）小滑板。小滑板可沿转盘上的导轨做短距离移动。当转盘偏转一定角度后，小滑板便可带动车刀沿相应方向做斜向进给运动，以便加工锥面。

5)转盘。转盘通过螺钉与中滑板相连,松开螺钉便可在水平面内转动任意角度。

6. 尾座

尾座(图4-1-8)用于安装后顶尖以支持工件,或安装钻头、铰刀等刀具进行孔加工。尾座主要由套筒、尾座体、底座等几部分组成。转动手轮,可调整套筒伸缩一定距离,并且尾座还可沿床身导轨被推移至所需位置,以适应不同工件加工的要求。

图4-1-8 CA6140A型车床的尾座

7. 床身

主要用来支承和连接各主要部件并保证各部件之间严格、正确的相对位置关系。它是车床的基础零件,其上有内外两组精确的导轨,外侧导轨用于大滑板的移动,内侧导轨用于尾座的移动。

8. 各种操作手柄

操纵杆是车床的控制机构,在操纵杆左端和溜板箱右侧各装有一个手柄,操作工人可以很方便地操纵手柄以控制车床主轴的正反转。

(三)卧式车床的调整及手柄的使用

1)变速手柄。变速手柄主要用于变速,按标牌扳至所需位置即可。例如图4-1-9中2、3为主运动变速手柄,15、16为进给运动变速手柄。

2)锁紧手柄。锁紧手柄主要用于锁紧。如图4-1-9中4为方刀架锁紧手柄(顺时针锁紧,逆时针松开),6为尾座锁紧手柄,5为尾座套筒锁紧手柄。

3)移动手柄。移动手柄用于控制部件的移动。如图4-1-9中13为刀架纵向手动手轮,12为刀架横向手动手柄,11为小刀架移动手柄,7为尾座套筒移动手轮。

4)启停手柄。如图4-1-9中8、14为主轴正反转及停止手柄(向上扳则主轴正转,向下扳则主轴反转,放于中间则停转),9为刀架机动进给手柄,10为开合螺母开合手柄(向上扳则打开,向下扳则闭合)。

5)换向手柄。换向手柄用于控制移动的方向,按标牌指示方向扳至所需位置即可。如图4-1-9中9为刀架左右移动的换向手柄。

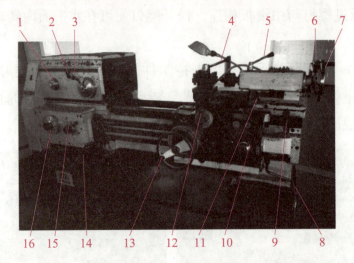

图 4-1-9　CA6140A 型卧式车床的手柄位置

1—螺纹旋向变换手柄；2、3—主运动变速手柄；4—方刀架锁紧手柄；5—尾座套筒锁紧手柄；
6—尾座锁紧手柄；7—尾座套筒移动手轮；8、14—主轴正反转及停止手柄；
9—刀架机动进给手柄；10—开合螺母开合手柄；11—小刀架移动手柄；
12—刀架横向手动手柄；13—刀架纵向手动手轮；15、16—进给运动变速手柄

三、CA6140A 型车床的主要技术参数（如表 4-1-2 所示）

表 4-1-2　CA6140A 型车床的主要技术参数

项目	单位	规格
床身上最大回转直径	mm	400
最大工件长度	mm	750
最大车削长度（最大加工长度）	mm	650
刀架上回转直径	mm	210
主轴中心至床身平面导轨距离	mm	205
主轴通孔直径	mm	52
主轴孔前端锥度	莫氏	莫氏圆锥 6 号
主轴头形式	—	A6
主轴转速级数	—	正转 24，反转 12
主轴转速范围	r/min	正转 11~1 600（50Hz），12~1 680（60Hz）；反转 14~1 580（50Hz），16.8~1 896（60Hz）
纵向进给范围种类	—	64
纵向进给范围-标准进给	mm/r	0.08~1.59
纵向进给范围-小进给	mm/r	0.028~0.054
纵向进给范围-大进给	mm/r	1.71~6.33

续表

项目	单位	规格
横向进给范围种类	—	64
横向进给范围-标准进给	mm/r	0.04~0.79
横向进给范围-小进给	mm/r	0.014~0.027
横向进给范围-加大进给	mm/r	0.86~3.16
刀架纵向的快移速度	m/min	4
刀架横向的快移速度	m/min	2
刀架转盘回转角度	—	±90°
刀杆截面尺寸（四方刀架刀杆截面）	mm	25×25
主轴中心线至支承面距离	mm	26
床尾主轴直径（尾座套筒直径）	mm	75
床尾主轴孔锥度（尾座套筒锥孔锥度）	—	莫氏圆锥5号
床尾主轴最大行程	mm	150
机床丝杠螺距	mm	12
加工公制螺纹范围及种数	mm	1~192，44种
加工英制螺纹范围及种数	牙/寸（tpi）	2~24，21种
加工模数螺纹范围及种数	mm	0.25~48，39种
加工径节螺纹范围及种数	DP	1~96，37种
床身导轨宽度（导轨跨度）	mm	400
床身导轨硬度	RC	RC52
主电动机功率	kW	7.5
机床净重	kg	1 990
机床毛重	kg	2 670
机床轮廓尺寸（长×宽×高）	mm	2 418×1 000×1 267
机床包装尺寸（长×宽×高）	mm	2 600×1 520×2 010
加工精度	—	IT7
表面粗糙度	μm	Ra1.6

任务练习

一、填空题

1. 车削加工时，_____为工件的旋转运动，_____为车刀的移动。
2. CA6140A型卧式车床由"_____""_____""_____""_____"

"_____"及"_____"组成。

3. _____又称床头箱，它固定在床身的左端。在主轴箱中装有_____，以及使主轴变速和变向的传动_____。

4. _____与_____将进给箱的运动传给_____。

5. _____是车床的控制机构，在_____左端和_____右侧各装有一个手柄，操作工人可以很方便地操纵手柄以控制车床主轴的_____。

二、选择题

1. （　　）是用车刀对工件回转面进行车削加工的机床。
A. 车床　　　　　B. 铣床　　　　　C. 磨床　　　　　D. 钻床

2. 进给箱又称走刀箱，它位于床身的（　　）。
A. 右前侧　　　　B. 左前侧　　　　C. 正前侧　　　　D. 后前侧

3. （　　）的作用是将光杠或丝杠传来的旋转运动改变为刀架的自动直线进给运动。
A. 进给箱　　　　B. 主轴箱　　　　C. 溜板箱

4. （　　）用来装夹刀具并带动刀具做纵向、横向、斜向等多方向的进给运动。
A. 尾座　　　　　B. 三爪卡盘　　　C. 刀架

5. （　　）用于安装后顶尖以支持工件，或安装钻头、铰刀等刀具进行孔加工。
A. 尾座　　　　　B. 三爪卡盘　　　C. 刀架

三、简答题

1. CA6140A型卧式车床由哪几部分组成及各部分的作用？
2. 调整进给运动速度应注意项目有哪些？
3. 车床的清洁与维护工作注意事项有哪些？

任务拓展

阅读材料——机床发展简史

机床是将金属毛坯加工成机器零件的机器，它是制造机器的机器，所以又称为"工作母机"或"工具机"，习惯上简称机床。现代机械制造中加工机械零件的方法很多，除切削加工外，还有铸造、锻造、焊接、冲压、挤压等，但凡属精度要求较高和表面粗糙度要求要求较高的零件，一般都需在机床上用切削的方法进行最终加工。在一般的机器制造中，机床所担负的加工工作量占机器总制造工作量的40%~60%，机床在国民经济现代化的建设中起着重大作用。

15世纪由于制造钟表和武器的需要，出现了钟表匠用的螺纹车床和齿轮加工机床，以及水力驱动的炮筒镗床。1501年左右，意大利人列奥纳多·达·芬奇曾绘制过车床、镗床、螺纹加工机床和内圆磨床的构想草图，其中已有曲柄、飞轮、顶尖和轴承等新机构。明朝出版的《天工开物》中也载有磨床的结构，用脚踏的方法使铁盘旋转，加上沙子和水来剖切玉石。

18世纪的工业革命推动了机床的发展。1774年，英国人威尔金森发明了较精密的炮筒镗床。次年，他用这台炮筒镗床镗出的汽缸，满足了瓦特蒸汽机的要求。为了镗制更大的汽缸，他又于1775年制造了一台水轮驱动的汽缸镗床，促进了蒸汽机的发展。从此，机床开始用蒸汽机通过曲轴驱动。

1797年，英国人莫兹利创制成的车床由丝杠传动刀架，能实现机动进给和车削螺纹，这是机床结构的一次重大变革。莫兹利也因此被称为"英国机床工业之父"。

19世纪，由于纺织、动力、交通运输机械和军火生产的推动，各种类型的机床相继出现。1817年，英国人罗伯茨创制龙门刨床；1818年美国人惠特尼制成卧式铣床；1876年，美国制成万能外圆磨床；1835年和1897年又先后发明滚齿机和插齿机。

19世纪最优秀的机械技师惠特沃斯，于1834年制成了测长机，该测长机可以测量出长度误差万分之一英寸左右。这种测长机的原理和千分尺相同，通过转动分度板进出的螺纹夹持住工件，使用滑尺读出分度板上的分度。1835年，惠特沃斯发明了滚齿机。除此以外，惠特沃斯还设计了测量圆筒的内圆和外圆的塞规和环规。建议全部的机床生产业者都采用同一尺寸的标准螺纹。后来，英国标准协会接受了这一建议，从那以后直到今日，这种螺纹作为标准螺纹被各国所使用。

工业技术发展的中心，从19世纪起，就悄悄从英国移向美国。把英国的技术声望夺过去的人中，惠特尼堪称佼佼者。惠特尼聪颖过人，具有远见卓识，他率先研究出了作为大规模生产的可更换部件的系统。至今还很活跃的惠特尼工程公司，早在19世纪40年代就研制成功了一种转塔式六角车床。这种车床是随着工件制作的复杂化和精细化而问世的，在这种车床中，装有一个绞盘，各种需要的刀具都安装在绞盘上，这样，通过旋转固定工具的转塔，就可以把工具转到所需的位置上。

随着电动机的发明，机床开始先采用电动机集中驱动，后又广泛使用单独电动机驱动。20世纪初，为了加工精度更高的工件、夹具和螺纹加工工具，相继创制出坐标镗床和螺纹磨床。同时为了适应汽车和轴承等工业大量生产的需要，又研制出各种自动机床、仿形机床、组合机床和自动生产线。

19世纪末到20世纪初，单一的车床已逐渐演化出了铣床、刨床、磨床、钻床等等，这些主要机床已经基本定型，这样就为20世纪前期的精密机床和生产机械化和半自动化创造了条件。

在20世纪的前20年内，人们主要是围绕铣床、磨床和流水装配线展开的。由于汽车、飞机及其发动机生产的要求，在大批加工形状复杂、高精度及高光洁度的零件时，迫切需要精密的、自动的铣床和磨床。由于多螺旋线刀刃铣刀的问世，基本上解决了单刃铣刀所产生的振动和光洁度不高而使铣床得不到发展的困难，使铣床成为加工复杂零件的重要设备。

被世人誉为"汽车之父"的福特提出：汽车应该是"轻巧的、结实的、可靠的和便宜的"。为了实现这一目标，必须研制高效率的磨床，为此，美国人诺顿于1900年用金刚砂和刚玉石制成直径大而宽的砂轮，以及刚度大而牢固的重型磨床。磨床的发展，使机械制造技术进入了精密化的新阶段。

在1920年以后的30年中，机械制造技术进入了半自动化时期，液压和电器元件在机床和其他机械上逐渐得到了应用。1938年，液压系统和电磁控制不但促进了新型铣床的发明，而且在龙门刨床等机床上也推广使用。20世纪30年代以后，行程开关——电磁阀系统几乎用到各种机床的自动控制上了。

第二次世界大战以后，由于数控机床和自动线的出现，机床的发展开始进入了自动化时期。数控机床是在电子计算机发明之后，运用数字控制原理，将加工程序、要求和更换刀具的操作数码和文字码作为信息进行存贮，并按其发出的指令控制机床，按既定的要求进行加工的新式机床。

数控机床的方案，是美国的帕森斯在研制检查飞机螺旋桨叶剖面轮廓的板叶加工机时向美国空军提出的，在麻省理工学院的参加和协助下，终于在1949年取得了成功。1951年，他们正式制成了第一台电子管数控机床样机，成功地解决了多品种小批量的复杂零件加工的自动化问题。以后，一方面数控原理从铣床扩展到铣镗床、钻床和车床，另一方面，则从电子管向晶体管、集成电路方向过渡。1958年。美国研制成能自动更换刀具，以进行多工序加工的加工中心。

世界第一条数控生产线诞生于1968年，英国的毛林斯机械公司研制成了第一条数控机床组成的自动线，不久，美国通用电气公司提出了"工厂自动化的先决条件是零件加工过程的数控和生产过程的程控"，于是，到20世纪70年代中期，出现了自动化车间，自动化工厂也已开始建造。

1970年至1974年，由于小型计算机广泛应用于机床控制，出现了三次技术突破。第一次是直接数字控制器，使一台小型电子计算机同时控制多台机床，出现了"群控"；第二次是计算机辅助设计，用一支光笔进行设计和修改设计及计算程序；第三次是按加工的实际情况及意外变化反馈并自动改变加工用量和切削速度，出现了自适控制系统的机床。

经过100多年的风风雨雨，机床的家族已日渐成熟，真正成了机械领域的"工作母机"。

任务二　刃磨车刀

车刀的材质、几何形状和角度是影响车刀本身性能的主要因素，除此之外，切削用量、刃磨技术等也是影响车刀切削状态的重要因素，需合理选择。车刀的性能直接影响着产品质量和生产率。这就要求我们每位学习者发扬精益求精的工匠精神，为提升产品质量和生产率刻苦钻研。

任务目标

了解常用车刀材料的种类；

掌握常用高速钢和硬质合金的牌号、主要性能特点及其选用；

了解常用车刀的种类和用途；

掌握车刀几何要素的名称、车刀主要角度的定义、主要作用及其初步选择；

掌握外圆车刀的基本刃磨方法；

发扬精益求精的工匠精神。

任务描述

俗话说"工欲善其事，必先利其器"，如果想在普通车床上加工出合格的零件，正确地选择和使用刀具是非常重要的。在车削加工过程中，车床是形成切削运动和动力的来源，车刀则是用来改变毛坯形状，使其达到所需要零件的形状和技术条件的工作部件。车刀的种类很多，如图 4-2-1 所示，在实际生产中，可根据零件加工需要自制所需车刀。

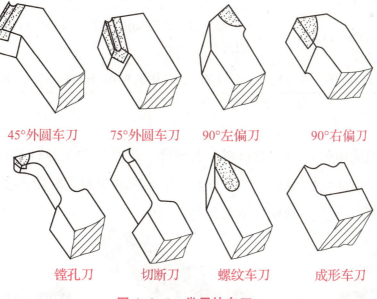

图 4-2-1 常用的车刀

知识链接

一、常用车刀材料

1. 高速钢

高速钢是含钨（W）、钼（Mo）、铬（Cr）、钒（V）等合金元素较多的合金工具钢。高速钢具有较好的强度和韧性，故能承受较大的冲击力；其刃磨性能好，容易获得锋利的刃口。常用于制造形状复杂的成形刀具，如成形车刀、螺纹刀具、钻头、铰刀等。但高速钢的耐热性较差，因而不能用于高速切削。高速钢刀片及车刀如图 4-2-2 所示，高速钢的类别、常用牌号及性质如表 4-2-1 所示。

图 4-2-2　高速钢刀片及车刀

表 4-2-1　高速钢的类别、常用牌号及性质

类别	常用牌号	性质
钨系	W18Cr4V（18-4-1）	性能稳定，刃磨及热处理工艺控制较方便
钨钼系	W6Mo5Cr4V2（6-5-4-2）	高温塑性与冲击韧度都超过 W18Cr4V 钢，而其切削性能却大致相同
	W9Mo3Cr4V（9-3-4-1）	强度和韧性均优于 W6Mo5Cr4V2 钢，高温塑性和切削性能良好

2. 硬质合金

硬质合金是目前应用最广的车刀材料，其硬度、耐磨性和耐热性均优于高速钢，能进行高速切削。其缺点是强度韧性较差，在冲击力作用下容易崩裂。如图 4-2-3 所示为硬质合金刀片，如表 4-2-2 所示为车刀硬质合金的分类、用途、性能、代号。

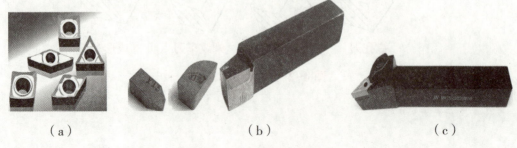

（a）　　　　　　　　　（b）　　　　　　　　　（c）

图 4-2-3　硬质合金刀片

（a）硬质合金刀片；（b）焊接式硬质合金车刀；（c）机夹式硬质合金车刀

表 4-2-2　硬质合金的分类、用途、性能、代号

类别	用途	ISO代号	性能 耐磨性	性能 韧性	适用加工阶段	国家标准代号
K类（钨钴类）	适用于加工铸铁、有色金属等脆性材料或冲击性较大的场合。在切削难加工或振动较大（如断续切削塑性金属）的特殊情况时也较合适	K01	↑	↓	精加工	YG3
		K10			半精加工	YG6
		K20			粗加工	YG8

二、常用车刀的种类和用途（如表 4-2-3 所示）

表 4-2-3　常用车刀的种类和用途

种类名称	车刀外形图	用途	车削示意图
90°车刀（偏刀）		车削工件的外圆、台阶和端面	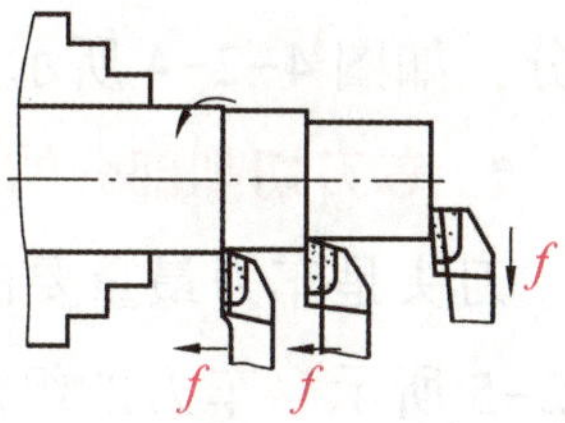
75°车刀	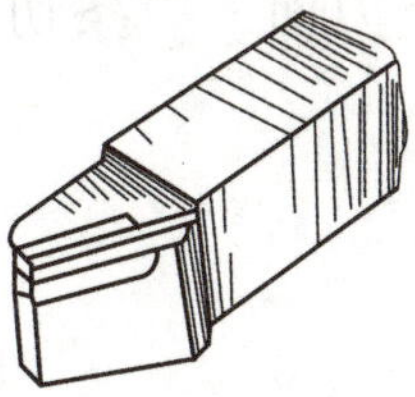	车削工件的外圆和端面	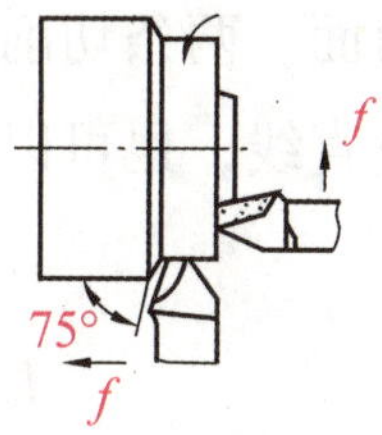
45°车刀（弯头车刀）	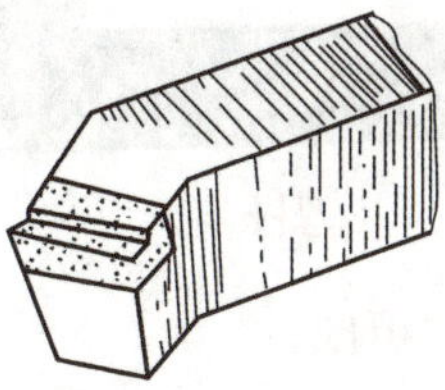	车削工件的外圆、端面和倒角	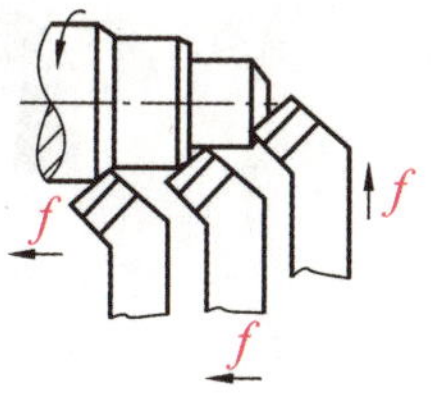
切断刀		切断工件或在工件上切槽	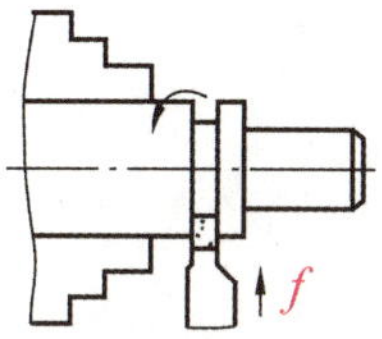
内孔车刀		车削工件的内孔	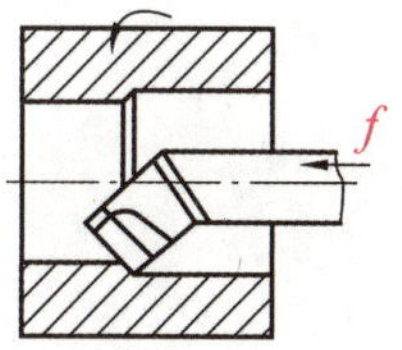

续表

种类名称	车刀外形图	用途	车削示意图
圆头车刀		车削工件的圆弧面或成形面	
螺纹车刀		车削螺纹	

三、车刀的组成及切削部分的几何要素

1. 车刀的组成

车刀由刀头（或刀片）和刀柄两部分组成，刀头是车刀的切削部分，刀柄是车刀的夹持部分，如图 4-2-4 所示。

2. 车刀切削部分的几何要素

刀头是车刀最重要的部分，由刀面、切削刃和刀尖组成，承担切削加工主要任务，如图 4-2-5 所示。车刀的组成基本相同，但刀面、切削刃的数量、形状不完全样，如外圆车刀有三个刀面、两条切削刃和一个刀尖，而切断刀有四个刀面、三条切削刃和两个刀尖。切削刃可以是直线，也可以是曲线。

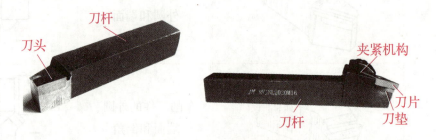

图 4-2-4　车刀的组成

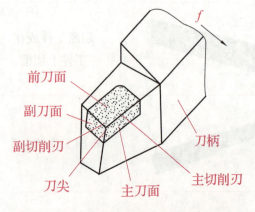

图 4-2-5　车刀切削部分的几何要素

1）前刀面：刀具上切屑流经过的表面称为前刀面。

2）主后刀面：刀具上与工件上的加工表面相对着并且相互作用的表面称为主后刀面。

3）副后刀面：刀具上与工件上的已加工表面相对着并且相互作用的表面称为副后刀面。是与工件已加工表面相对的表面。

4）主切削刃：刀具上前刀面与主后刀面的交线称为主切削刃，它担负主要的切削工作。

5）副切削刃：刀具上前刀面与副后刀面的交线称为副切削刃，它担负少量切削工作，起一定修光作用。

6）刀尖：是主切削刃与副切削刃的相交部分称为刀尖，刀尖实际上是一小段曲线或直线，称为修圆刀尖和倒角刀尖。

四、车刀的主要角度及作用

（一）测量车刀角度的三个辅助平面

为了确定和测量车刀的几何角度，需要选择三个辅助平面作为基准，这三个辅助平面分别是主切削平面 P_s、基面 P_r 和正交平面 P_o，如图 4-2-6 所示。

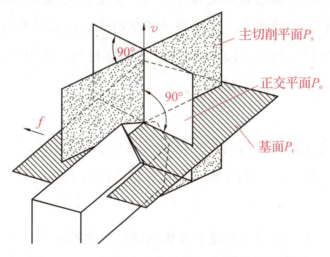

图 4-2-6 测量车刀角度的三个基准坐标平面

1. 主切削平面 P_s

主切削平面是通过主切削刃选定点与主切削刃相切并垂直于基面的平面。

2. 基面 P_r

基面是过主切削刃选定点并平行于刀杆底面的平面。

3. 正交平面 P_o

正交平面也称主剖面，是垂直于切削平面且垂直于基面的平面。

由上述可见，这三个坐标平面相互垂直，构成一个空间直角坐标系。

（二）车刀的主要角度及其作用

车刀的主要角度及其作用如图 4-2-7 所示。

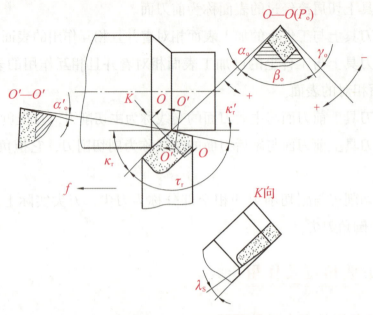

图 4-2-7 车刀的主要角度

1. 前角 γ_o

在主剖面中测量，是前刀面与基面之间的夹角。其作用是使刀刃锋利，便于切削。但前角不能太大，否则会削弱刀刃的强度，容易磨损甚至崩坏。加工塑性材料时，前角可选大些，如用硬质合金车刀切削钢件可取 $\gamma_o = 10° \sim 20°$，加工脆性材料，车刀的前角 γ_o 应比粗加工大，以利于刀刃锋利，工件的表面粗糙度要求小。

2. 后角 α_o

在主剖面中测量，是主后面与切削平面之间的夹角。其作用是减小车削时主后面与工件之间的摩擦，一般取 $\alpha_o = 6° \sim 12°$，粗车时取小值，精车时取大值。

3. 主偏角 κ_r

在基面中测量，它是主切削刃在基面的投影与进给方向的夹角。其作用是：

1) 可改变主切削刃参加切削的长度，影响刀具寿命。

2) 影响径向切削力的大小。小的主偏角可增加主切削刃参加切削的长度，因而散热较好，对延长刀具使用寿命有利。但在加工细长轴时，工件刚度不足，小的主偏角会使刀具作用在工件上的径向力增大，易产生弯曲和振动，因此，主偏角应选大些。

车刀常用的主偏角有 45°、60°、75°、90° 等几种，其中 45° 和 90° 用得较多。

4. 副偏角 κ_r'

在基面中测量，是副切削刃在基面上的投影与进给反方向的夹角。其主要作用是减小副切削刃与已加工表面之间的摩擦，以改善已加工表面的粗糙度。在切削深度 a_p、进给量 f、主偏角 κ_r 相等的条件下，减小副偏角 κ_r'，可减小车削后的残留面积，从而减小表面粗糙度要求，副偏角一般为正值，一般选取 $\kappa_r' = 5° \sim 15°$。

5. 刃倾角 λ_s

在切削平面中测量，是主切削刃与基面的夹角。其作用主要是控制切屑的流动方向。如主切削刃与基面平行则 $\lambda_s=0$，车削时切屑基本上朝垂直于主切削刃的方向排出；刀尖处于主切削刃的最低点，$\lambda_s<0$，刀尖强度增大，车削时切屑朝工件已加工表面方向排出，用于粗加工；刀尖处于主切削刃的最高点，$\lambda_s>0$，刀尖强度削弱，车削时切屑朝工件待加工表面方向排出，用于精加工。车刀刃倾角 λ_s，一般在 $-5°\sim+5°$ 之间选取。

五、车刀的刃磨

1. 砂轮的选择

车刀（指整体式车刀与焊接式车刀）用钝后重新刃磨是在砂轮机上刃磨的。应根据刀具材料正确选用刃磨砂轮。刃磨高速钢车刀时，应选用粒度为 F46~F60 的软或中软的氧化铝（白色）砂轮（图 4-2-8）。刃磨硬质合金车刀时，应选用粒度为 F60~F80 的软或中软的碳化硅（绿色）砂轮（见图 4-2-8）。粗磨时，采用小粒度号的砂轮；精磨时，采用较大粒度号的砂轮。

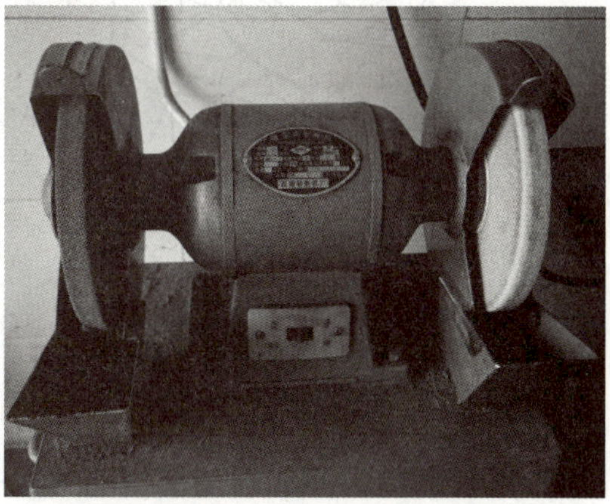

图 4-2-8 砂轮

2. 刃磨车刀的姿势及方法

1）人站立在砂轮机的侧面，以防砂轮碎裂时，碎片飞出伤人。

2）两手握刀的距离放开，两肘夹紧腰部，以减小刃磨时的抖动。

3）磨刀时，车刀要放在砂轮的水平中心上，刀尖略向上翘 $3°\sim8°$，车刀接触砂轮后应沿左右方向做水平移动。当车刀离开砂轮时，车刀需向上抬起，以防磨好的切削刃被砂轮碰伤。

4）磨后刀面时，刀杆尾部向左偏过一个主偏角的角度；磨副后刀面时，刀杆尾部向右偏过一个副偏角的角度。

5）修磨刀尖圆弧时，通常以左手握车刀前端为支点，用右手转动车刀的尾部。

3. 磨刀安全知识

1）刃磨刀具前，应首先检查砂轮有无裂纹，砂轮轴螺母是否拧紧，并经试转后使用，以免砂轮碎裂或飞出伤人。

2）刃磨刀具不能用力过大，否则会使手打滑而触及砂轮面，造成工伤事故。

3）磨刀时应戴防护眼镜，以免砂砾和铁屑飞入眼中。

4）磨刀时不要正对砂轮的旋转方向站立，以防意外。

5）磨小刀头时，必须把小刀头装入刀杆上。

6）砂轮支架与砂轮的间隙不得大于 3mm，如发现过大，应调整适当。

4. 车刀刃磨的步骤

现以 90°硬质合金外圆车刀为例，介绍手工刃磨车刀的方法。

1）粗磨车刀。

（1）粗磨后刀面与副后刀面。粗磨后刀面与副后刀面的同时磨出主偏角、主后角以及副偏角、副后角。粗磨出的后角与副后角应比要求的后角和副后角大 2°左右，如图 4-2-9 所示。

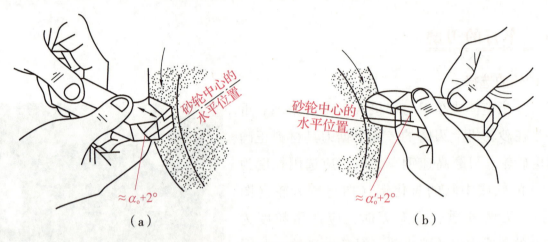

图 4-2-9　刃磨后角与副后角

（a）刃磨后刀面上的后角；（b）刃磨后刀面上的副后角

（2）粗磨前刀面和断屑槽。前刀面一般都和断屑槽同时磨出。在刃磨断屑槽前，用砂轮的端面把前刀面粗磨一下，以得到必需的角度和表面粗糙度要求。断屑槽可用平形砂轮的棱角磨出，刃磨方法如图 4-2-10 所示。通常，粗磨断屑槽的起始位置与刀尖的距离为断屑槽长度的一半左右，与主切削刃的距离为断屑槽宽度的一半左右。

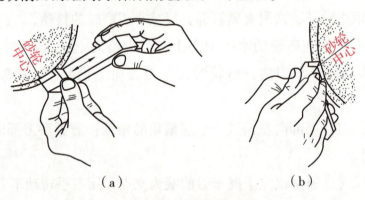

图 4-2-10　粗磨断屑槽

（a）向下磨；（b）向上磨

2）精磨车刀。

（1）精磨断屑槽。为使断屑槽的形状修整得更正确，表面粗糙度要求值更小些，粗磨后的断屑槽还需精磨，精磨断屑槽的方法与粗磨相同。

（2）磨负倒棱。负倒棱一般用杯形砂轮的端面磨出，砂轮的粒度号为 F100~F180，刃磨方法如图 4-2-11 所示。

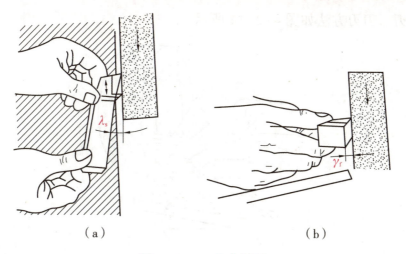

图 4-2-11 磨负倒棱

(a) 沿切削刃方向的磨刀位置；(b) 垂直切削刃方向的磨刀位置

（3）精磨后刀面与副后刀面。刃磨方法如图 4-2-12 所示，采用的砂轮与磨负倒棱时相同。当主切削刃全部磨出并且负倒棱宽度达到要求时停止刃磨。

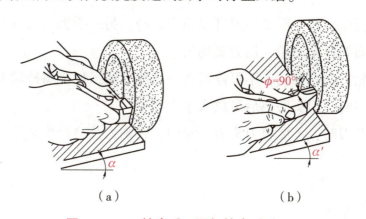

图 4-2-12 精磨后刀面与精磨副后刀面

(a) 精磨后刀面；(b) 精磨副后刀面

（4）磨过渡刃。刃磨方法如图 4-2-13 所示。其中，图 4-2-13（a）所示为刃磨直线形过渡刃，图 4-2-13（b）所示为刃磨圆弧形过渡刃。

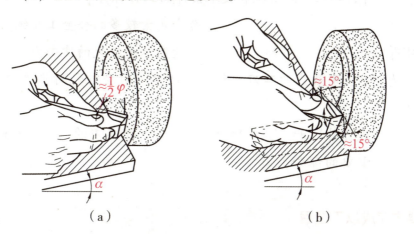

图 4-2-13 磨过渡刃

(a) 刃磨直线形过渡刃；(b) 刃磨圆弧形过渡刃

（5）磨修光刃。刀刃方法如图4-2-14所示。

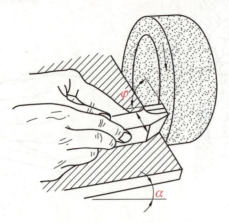

图4-2-14　磨修光刃

5. 刃磨车刀时的注意事项

1）磨刀时必须戴好防护眼镜，人不要正对着砂轮，以免磨屑和砂粒飞入眼中，或砂轮破裂时伤人。

2）磨刀时不要紧张，要一手紧握刀杆以稳定刀身，另一手握刀头以掌握角度。

3）车刀的受磨面要紧贴砂轮，用力要均匀。

4）车刀要在砂轮上左右移动，不可停留在一个地方磨，以免将砂轮磨出沟槽。

5）磨高速钢车刀时，刀头磨热后可放入水中冷却。

6）磨硬质合金车刀时，不要将刀头放入水中，否则刀片会产生裂纹。

任务练习

一、填空题

1. 在车削加工过程中，_____是形成切削运动和动力的来源，_____则是用来改变毛坯形状，使其达到所需要零件的形状和技术条件的工作部件。

2. 高速钢是含____、____、____、____等合金元素较多的合金工具钢。

3. 高速钢具有较好的_____和_____，故能承受较大的冲击力。

4. _____是目前应用最广的车刀材料，其硬度、耐磨性和耐热性均优于_____，能进行_____切削。

5. 车刀由____（或刀片）和____两部分组成，刀头是车刀的____，刀柄车刀的____。

6. 刀头是车刀最重要的部分，由____、_____和_____组成，承担切削加工主要任务。

二、根据要求完成以下题目

1. 在图4-2-15上写出测量车刀角度的三个辅助平面。

2. 在图4-2-16上写出车刀的主要角度。

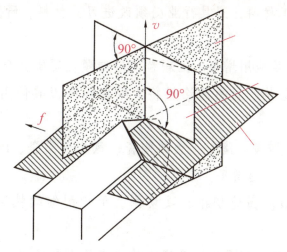

图 4-2-15 测量车刀角度的三个辅助平面

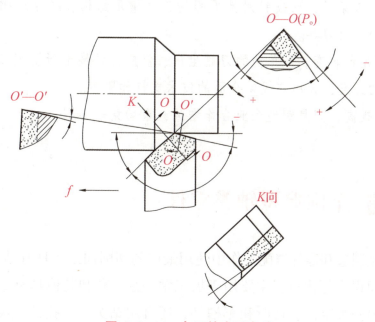

图 4-2-16 车刀的主要角度

三、简答题

1. 车刀主要有哪些角度及作用是什么？
2. 刃磨车刀的姿势及方法有哪些？
3. 车刀刃磨的步骤有哪些？

任务拓展

阅读材料——刀具行业发展趋势

制造业的加工技术水平受刀具行业整体水平的影响较大，而制造业的发展也会促进刀具行业的发展。根据制造业发展的需要，多功能复合刀具、高速高效刀具将成为刀具发展的主流。面对日益增多的难加工材料，刀具行业必须改进刀具材料、研发新的刀具材料和更合理的刀具结构。

1）硬质合金材料及涂层应用增多。细颗粒、超细颗粒硬质合金材料是发展方向；纳米涂层、梯度结构涂层及全新结构、材料的涂层将大幅度提高刀具使用性能；物理涂层（PVD）的应用继续增多。

2）新型刀具材料应用增多。陶瓷、金属陶瓷、氮化硅陶瓷、PCBN、PCD等刀具材料的韧性进一步增强，应用场合日趋增多。

3）切削技术快速发展。高速切削、硬切削、干切削继续快速发展，应用范围在迅速扩大。

4）刀具研发更具针对性。刀具制造商研发的重点不再是通用品牌和通用结构。面对复杂多变的应用场合和加工条件，研发针对性更强的刀片槽形结构、牌号及相应配套刀具取代通用的槽形、牌号的刀片及刀具。

5）刀具制造商角色转变。从单纯的刀具生产、供应，扩展至新切削工艺的开发及相应成套技术和解决方案的开发，为用户提供全面的技术支持和服务。

6）信息化程度提高，刀具制造企业合作增强，市场竞争加剧。

任务三　车削典型轴类零件

车床加工是机械制造和零件修配工作中使用最广的切削加工，具有结构简单、操作方便、主轴孔径大、占地面积小等优点，主要用于加工轴、盘、套和其他具有回转表面的零件，除车削内外圆柱面、内外圆锥面、切断和车槽外，还可用钻头、扩孔钻、铰刀、丝锥、板牙和滚花工具等进行相应的加工。

使用卧式车床加工零件是从事机械加工的基础，每位初学者都应熟练掌握车床操作，学会选用刀具，合理选择加工工艺，为后续学习数控车床及其他机床加工零件打下坚实基础。

任务目标

了解车床零件装夹方法，了解刀具装夹方法；

掌握光轴、阶梯轴零件车削方法及步骤；

掌握内孔车削方法及步骤；

掌握圆锥及沟槽车削方法及步骤；

培养学生车削加工基本技能、培养学生学习能力、沟通能力，培养勤学肯钻、爱岗敬业精神。

任务描述

车床上加工的主要内容为工件的车内外圆柱面、车端面、车圆锥面、车槽、钻孔、铰孔、车螺纹等（图4-3-1），本任务主要以光轴零件、阶梯轴零件、内孔、圆锥及沟槽的加工为例，通过对典型表面的加工分析，掌握车床加工中选择刀具、装夹工件的方法及加工工艺安排。

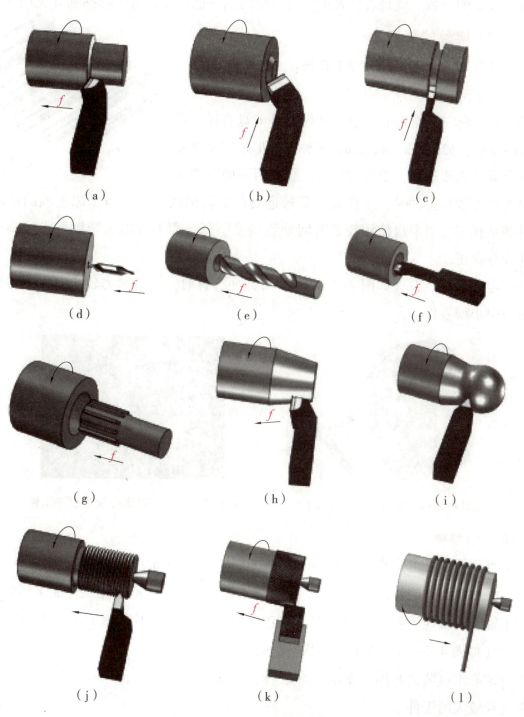

图4-3-1　车床主要加工内容

(a) 车外圆；(b) 车端面；(c) 车槽；(d) 钻中心孔；(e) 钻孔；(f) 镗孔；(g) 铰孔；
(h) 车外圆锥面；(i) 车成形面；(j) 车螺纹；(k) 滚花；(l) 盘绕弹簧

二、光轴零件车削

光轴是直轴的一种。就是表面光滑没有台阶的轴，也可以称为非阶梯轴（见图4-3-2）。

（一）轴类零件的装夹

轴类工件常用的装夹方式有以下几种：

1. 三爪卡盘装夹

三爪卡盘又称三爪自定心卡盘，其规格是卡盘直径。常用的有φ160mm、φ200mm、φ250mm三种，外形如图4-3-3所示。三个卡爪同步运动，能自动定心，装夹后一般不需要找正。但在装夹较长工件时，工件离卡盘较远处的旋转轴线不一定与车床主轴的旋转轴线重合，这时必须找正。当卡盘使用较长时间导致精度下降，而工件加工精度要求较高时，也需要对工件进行找正。

三爪自定心卡盘装夹（如图4-3-4所示）方便、省时，但夹紧力较小，所以适用于装夹外形规则的中小型零件。

图4-3-2 光轴

图4-3-3 三爪自定心卡盘

图4-3-4 三爪自定心卡盘装夹工件

2. 四爪卡盘装夹

四爪卡盘规格也是卡盘直径。常用的有φ250mm、φ400mm、φ500mm三种。外形如图4-3-5所示。由于四个卡爪各自独立运动，装夹时不能自动定心，必须使工件加工部分的旋转轴线与车床主轴旋转轴线重合后才可车削。找正工件比较麻烦，但夹紧力大，所以适用于装夹长方体工件（如图4-3-6）、大型或形状不规则的工件。

三爪自定心卡盘装夹与四爪单动卡盘统称为卡盘，均可装成正爪或反爪两种形式，反爪用来装夹直径较大的工件。

3. 一夹一顶装夹

车削一般轴类工件，尤其是较重、较长的工件时，可将采用一夹一顶方法装夹，即工件一端用卡盘装夹，另一端用后顶尖支顶（如图4-3-7所示）。这种方法装夹较安全可靠，能承受较大的进给力，因此应用广泛。

图4-3-5　四爪单动卡盘

图4-3-6　四爪单动卡盘装夹工件

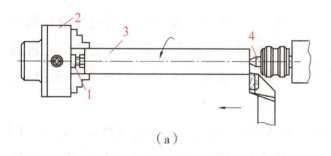

（a）

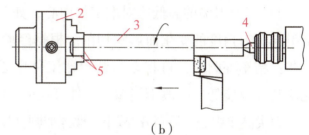

（b）

图4-3-7　一夹一顶装夹

（a）用限位支撑；（b）利用工件的台阶限位

1—限位支撑；2—卡盘；3—工件；4—后顶尖；5—台阶

4. 两顶尖装夹

较长的工件或必须经过多次装夹的轴类工件（如长丝杠、长轴等），为保证工件装夹精度，可采用两顶尖装夹方法（如图4-3-8）。采用两顶尖装夹工件的优点是装夹方便，不需要找正，装夹精度高。一般在精加工时采用此装夹方法。

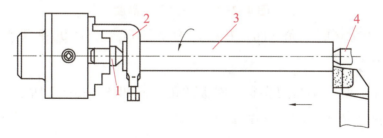

图4-3-8　两顶尖装夹

1—前顶尖；2—鸡心夹头；3—工件；4—后顶尖

（二）刀具装夹

车刀安装情况的好坏，直接影响到被加工零件的尺寸精度或表面粗糙度要求，如果我们不注意车刀的正确安装，就会使切削效果降低，甚至损坏刀具和产品。

车刀安装的要求：

1）车刀不能伸出刀架太长，应尽可能伸出的短些。如果车刀伸出过长，刀杆刚性相对减弱，切削时在切削力的作用下，容易产生振动，使车出的工件表面不光洁。一般车刀伸出的长度约为刀柄厚度的 1～1.5 倍，如图 4-3-9（a）所示。

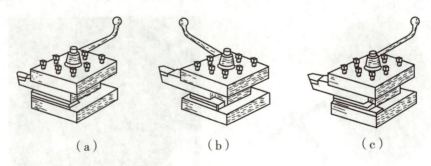

图 4-3-9　车刀伸出长度

(a) 正确；(b) 不正确；(c) 不正确

2) 车刀刀尖的高低应对准工件中心，如图 4-3-10（b）所示。车刀安装得过高或过低都会引起车刀角度的变化而影响切削。根据经验，粗车外圆时，可将车刀装得比工件中心稍高一些；精车外圆时，可将车刀装得比工件中心稍低一些，这要根据工件直径的大小来决定，无论装高或装低，一般不能超过工件直径的 1%。

刀尖高于中心，后角 α_0 减小，摩擦加剧，如图 4-3-10（a）所示，表面粗糙度要求增大；同时前角 γ_0 增大，振动加剧，车端面时有凸头；刀尖低于中心，前角 γ_0 减小，如图 4-3-10（c）所示，切削力集中于刀刃，容易崩刃，车端面时有凸头。

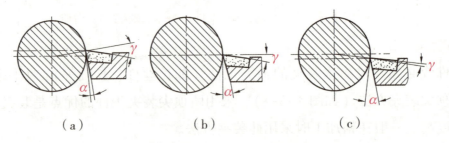

图 4-3-10　车刀刀尖高度

(a) 刀尖高于工件中心；(b) 刀尖与工件中心等高；(c) 刀尖低于工件中心

刀尖对中心的方法。

(1) 根据车床中心高，测量刀尖到中滑板的距离，如图 4-3-11 所示。

(2) 使刀尖与尾座顶尖对齐，如图 4-3-12 所示。

图 4-3-11　测量刀尖至中滑板距离

图 4-3-12　刀尖与顶尖中心等高

（3）试切端面，如图4-3-13所示。

3）车刀刀杆应与车床主轴轴线垂直，如图4-3-14所示。

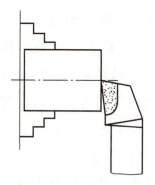

图4-3-13 试切端面

图4-3-14 车刀刀杆与车床主轴轴线垂直

4）装车刀用的垫片要平整，尽可能地用厚垫片以减少片数，一般只用2~3片。如垫刀片的片数太多或不平整，如图4-3-9（c）所示，会使车刀产生振动，影响切削。各垫片应在刀杆正下方，前端与刀座边缘平齐，如图4-3-9（a）所示。

5）车刀装上后，要紧固刀架螺钉，一般要紧固两个螺钉。紧固时，应轮换逐个拧紧。同时要注意，一定要使用专用扳手，不允许再加套管等，以免使螺钉受力过大而损伤。

（三）轴类零件检测

轴类零件尺寸属于外尺寸，凡能测外尺寸的测量仪器都可使用。具体选择方法，根据被测件的精度、工件的特性、批量大小等确定。这里主要介绍游标卡尺、千分尺的使用。

1. 游标卡尺

游标卡尺，是一种测量长度、内外径、深度的量具。游标卡尺由主尺和附在主尺上能滑动的游标两部分构成。主尺一般以毫米为单位，而游标上则有10、20或50个分格，根据分格的不同，游标卡尺可分为十分度游标卡尺、二十分度游标卡尺、五十分度游标卡尺。游标卡尺的主尺和游标上有两副活动量爪，分别是内测量爪和外测量爪，内测量爪通常用来测量内径，外测量爪通常用来测量长度和外径。游标卡尺的结构如图4-3-15所示。

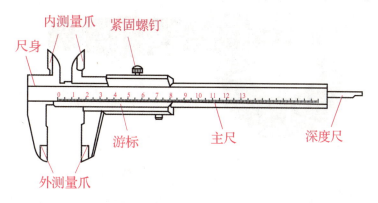

图4-3-15 游标卡尺结构

读数方法：

读数时首先以游标零刻度线为准在尺身上读取毫米整数，即以毫米为单位的整数部分。

然后看游标上第几条刻度线与尺身的刻度线对齐，如第6条刻度线与尺身刻度线对齐，则小数部分即为0.6毫米（若没有正好对齐的线，则取最接近对齐的线进行读数）。如有零误差（即零点误差。判断游标和尺身的零刻度线是否对齐，如果没有对齐则要记取零点误差，游标的零刻度线在尺身零刻度线右侧的叫正零误差，在尺身左侧的叫负零误差）。则一律用上述结果减去零误差（零误差为负，相当于加上相同大小的零误差），读数结果为：L=整数部分+小数部分-零误差。判断游标上哪条刻度线与尺身刻度线对准，可用下述方法：选定游标上相邻的三条线，如左侧的线在尺身对应线之右，右侧的线在尺身对应线之左，中间那条线便可以认为是对准的。如果需测量几次取平均值，从最后结果减去零误差即可。

读数举例：图4-3-16所示为0.02mm游标卡尺的某一状态，其读数方法为：

1）在主尺上读出游标零刻度线以左的刻度，该值就是最后读数的整数部分。图示整数部分读数为33mm；

2）游标上一定有一条刻度线与主尺的刻线对齐，图中，游标上与主尺对齐的刻度线距游标的零刻度线的格数为12格，乘上该游标卡尺的精度0.02mm，就得到最后读数的小数部分。或者直接在游标上读出该刻线的读数，图示小数部分读数为0.24mm；

3）将所得到的整数和小数部分相加，就得到总尺寸为33.24mm。

图4-3-16 游标卡尺读数示例

2. 千分尺

千分尺又称螺旋测微器、螺旋测微仪、分厘卡，是比游标卡尺更精密的测量长度的工具，用它测量长度可以准确到0.01mm。由尺架（框架）、测砧、测微螺杆、固定刻度、可动刻度（微分筒）、旋钮、微调旋钮等组成（如图4-3-17所示）。

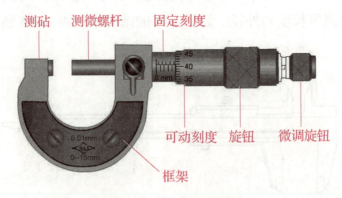

图4-3-17 千分尺结构

读数方法：

1）先读固定刻度（微分筒左侧漏出的刻度）；

2）再读半刻度，若半刻度线已露出，记作0.5mm；若半刻度线未露出，记作0.0mm；

3）再读可动刻度（注意估读）：微分筒与固定刻度基线对齐的格数乘以 0.01。记作 $n×0.01$mm；

4）最终读数结果为：固定刻度+半刻度+可动刻度+估读数。

螺旋测微器是依据螺旋放大的原理制成的，即螺杆在螺母中旋转一周，螺杆便沿着旋转轴线方向前进或后退一个螺距的距离。因此，沿轴线方向移动的微小距离，就能用圆周上的读数表示出来。螺旋测微器的精密螺纹的螺距是 0.5mm，可动刻度有 50 个等分刻度，可动刻度旋转一周，测微螺杆可前进或后退 0.5mm，因此旋转每个小分度，相当于测微螺杆前进或退后 0.5/50=0.01mm。可见，可动刻度每一小分度表示 0.01mm，所以螺旋测微器可准确到 0.01mm。由于还能再估读一位，可读到毫米的千分位，故又名千分尺。

测量时，当测砧和测微螺杆并拢时，可动刻度的零点恰好与固定刻度的零点重合，旋出测微螺杆，并使测砧和测微螺杆的面正好接触待测长度的两端，注意不可用力旋转否则测量不准确。当测砧和测微螺杆即将接触到测量面时慢慢旋转微调旋钮，直至传出咔咔的响声，那么测微螺杆向右移动的距离就是所测的长度。这个距离的整毫米数由固定刻度上读出，小数部分则由可动刻度读出。

读数举例：图 4-3-18 所示为千分尺测量的某一状态，其读数方法为：

1）先读固定刻度。图中固定刻度 17mm；

2）再读半刻度。图中半刻度线未露出，记作 0.0mm；

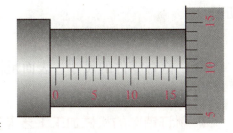

图 4-3-18　千分尺读数

3）再读可动刻度（注意估读）：微分筒与固定刻度基线对齐的格数 10 乘以 0.01。即 $10×0.01$mm=0.10mm；

4）最终读数结果为固定刻度+半刻度+可动刻度+估读数（图中微分筒上与基线对齐处略错开，估读 0.001）。

5）总尺寸为：17+0.0+0.10+0.001=17.101（mm）。

（四）车削案例

【案例1】车削如图 4-3-19 销轴，轴的两端与连杆孔是过渡配合，中间部分与滚针轴承配合。工件直径为 30±0.2mm，总长度为 95mm。表面粗糙度要求 Ra 全部为 6.3μm。两端倒角均为 C1。

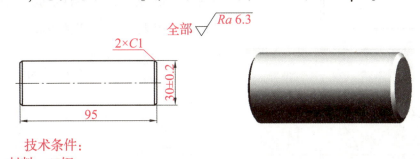

图 4-3-19　销轴

1. 零件图分析

该零件为圆杆形光轴。虽是光轴，却有两种配合要求。毛坯材料为45钢。毛坯直径为35mm，总长度为200mm（2件）。表面粗糙度要求 Ra 全部为 $6.3\mu m$。两端倒角均为 $C1$。

2. 零件工艺性分析

1) 零件材料：45钢。切削加工性良好，无特殊加工问题，故加工中不需采取特殊工艺措施。刀具材料选择范围较大，高速钢或YT类硬质合金均能胜任。刀具几何参数可根据不同刀具类型通过相关表格查取。

2) 零件组成表面：两端面，外圆及其倒角。

3) 主要表面分析：$\phi30$外圆表面用于支承连接件，为零件的配合面及工作面。

4) 主要技术条件：$\phi30$外圆尺寸精度要求：30 ± 0.2mm，表面粗糙度要求 $Ra6.3\mu m$。它是零件上主要的基准，两端面应与之保持基本的同轴关系。

5) 零件总体特点：长径比超过3，为较典型的轴。

3. 拟订加工步骤

1) 装卡工件毛坯、粗车端面、粗车外圆、精车端面、精车外圆、倒角、预切断、倒角、切断。

2) 检测尺寸是合合格。

（1）检查零件的尺寸、表面粗糙度要求等是否与工程图中的要求相符；

（2）检查产品是否合格。

4. 制订销轴的机械加工工艺卡

制订销轴的机械加工工艺卡，如表4-3-1所示。

表4-3-1 销轴机械加工工艺卡

厂名		机械加工工艺卡	
车间			
产品名称	零件号		零件名
			销轴
材料	45钢	零件毛重	
毛坯种类	棒料	零件净重	
形状与尺寸	$\phi32\times200$	材料定额/kg	
		每台产品零件数	

技术条件：
1. 材料：45钢；
2. 时效处理 HRC29～32。

续表

工序号	工序或工步内容	工艺装备名称及编号				时间定额/min	
		设备	夹具	刀具	量具	辅具	单件时间	准备结束时间
1	装毛坯棒料装入三爪卡盘，伸出110mm，用三爪卡盘夹紧	CA6140车床	三爪卡盘			卡盘扳手		
2	粗车端面，车平即可	CA6140车床	三爪卡盘	45°端面车刀		刀架扳手		
3	粗车外圆直径到31mm，长度100mm	CA6140车床	三爪卡盘	90°外圆车刀	游标卡尺	刀架扳手		
4	精车，车平端面，保证表面粗糙度要求6.3μm	CA6140车床	三爪卡盘	45°端面车刀				
5	精车 ϕ31 外圆，直径到 $\phi30\pm0.2$mm，长度到100mm，表面粗糙度要求6.3μm	CA6140车床	三爪卡盘	90°外圆车刀	游标卡尺、外径千分尺			
6	倒角，车轴头倒角 C1	CA6140车床	三爪卡盘	45°端面车刀				
7	检测，用游标卡尺测量外圆尺寸	CA6140车床	三爪卡盘		游标卡尺、外径千分尺			
8	预切断，切槽深5mm。保证长度95mm	CA6140车床	三爪卡盘	切断刀	游标卡尺	刀架扳手		
9	倒角，车轴头倒角 C1	CA6140车床	三爪卡盘	45°端面车刀				
10	切断，使工件从棒料上切除	CA6140车床	三爪卡盘	切断刀				
11	检测，用游标卡尺、千分尺测量，检验工件加工尺寸				游标卡尺、外径千分尺	卡盘扳手		
更改内容								
编制		校对			审核		批准	

5. 加工步骤

选用 CA6140 型卧式车床。

1) 选择切削用量。

粗车时取：$v_c = 80 \sim 100 \text{m/min}$，$a_p = 2 \sim 4 \text{mm}$，$f = 0.3 \sim 0.6 \text{mm/r}$。

半精车时取：$v_c = 100 \sim 120 \text{m/min}$，$a_p = 1 \sim 2 \text{mm}$，$f = 0.2 \sim 0.4 \text{mm/r}$。

精车时取：$v_c = 120 \sim 130 \text{m/min}$，$a_p = 0.1 \sim 0.5 \text{mm}$，$f = 0.1 \sim 0.2 \text{mm/r}$。

2) 调整机床。

(1) 调整车床主轴转速。

主轴转速可以按切削速度计算公式 $v = \pi dn/1\,000$ 算出。然后将车床上的主轴变速调整到和计算出的转速最接近的主轴转速挡。

(2) 调整进给量。

根据所选定的进给量，从车床的铭牌上查出进给量手柄位置并进行调整。

(3) 检查车床有关运动件的间隙是否合适。

检查床鞍，中、小滑板的硬条的松紧程度，即检查滑板移动是否轻快、平稳。

(4) 检查切削液是否供应正常。

【案例2】 车削如图4-3-20所示阶梯轴，零件材料为45钢，工件直径为 $\phi 35_{-0.024}^{0}$ mm，长度 $89_{-0.10}^{0}$ mm，表面各尺寸都有公差要求，表面粗糙度要求 Ra 分别为 $1.6\mu m$、$3.2\mu m$，右端倒角为C1，左端倒角为C2。

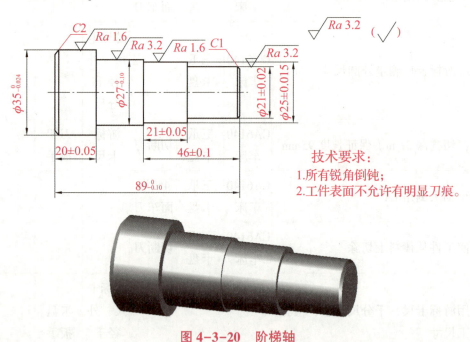

图4-3-20 阶梯轴

1. 零件图分析

该零件为阶梯轴，没有同轴度要求。各直径及长度有公差要求，表面粗糙度要求 Ra 为 $1.6\mu m$、$3.2\mu m$。两端有倒角，右端倒角为C1，左端倒角为C2。

2. 零件工艺性分析

1) 零件材料：45钢。切削加工性良好，无特殊加工要求，故加工中不需采取特殊工艺措施。刀具材料选择范围较大，高速钢或YT类硬质合金均能胜任。刀具几何参数可根据不同刀具类型通过相关表格查取。

2) 零件组成表面：两端面，外圆及其倒角。

3) 主要技术条件：$\phi 35$ 及 $\phi 25$ 外圆表面粗糙度要求 Ra 为 $1.6\mu m$。$\phi 35$ 外圆尺寸精度要求：$\phi 35_{-0.024}^{0}$，$\phi 25 \pm 0.015mm$。$\phi 21$ 及 $\phi 27$ 外圆表面粗糙度要求 Ra 为 $3.2\mu m$，$\phi 21$ 外圆尺寸精度要求：$\phi 21 \pm 0.02mm$，$\phi 27_{-0.10}^{0}mm$。

3. 拟订加工步骤

1) 用三爪自定心卡盘夹牢毛坯外圆，露出长度不少于 72mm，车右端面。

2) 粗精加工 $\phi 21$、$\phi 25$、$\phi 27$ 外圆至尺寸，并倒角。

3) 调头装夹 $\phi 27$ 外圆处，找正夹牢，车端面保证总长尺寸 $89_{-0.10}^{0}mm$。

4) 粗精加工 $\phi 35$ 外圆至尺寸，并倒角符合要求。

4. 制订阶梯轴机械加工工艺卡

制订阶梯轴机械加工工艺卡，如表 4-3-2 所示。

表 4-3-2 阶梯轴机械加工工艺卡

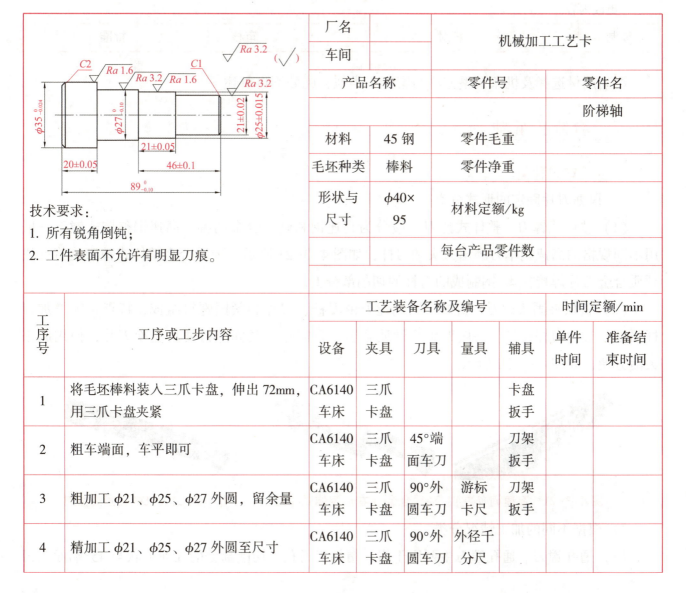

工序号	工序或工步内容	工艺装备名称及编号					时间定额/min	
		设备	夹具	刀具	量具	辅具	单件时间	准备结束时间
1	将毛坯棒料装入三爪卡盘，伸出72mm，用三爪卡盘夹紧	CA6140车床	三爪卡盘			卡盘扳手		
2	粗车端面，车平即可	CA6140车床	三爪卡盘	45°端面车刀		刀架扳手		
3	粗加工 $\phi 21$、$\phi 25$、$\phi 27$ 外圆，留余量	CA6140车床	三爪卡盘	90°外圆车刀	游标卡尺	刀架扳手		
4	精加工 $\phi 21$、$\phi 25$、$\phi 27$ 外圆至尺寸	CA6140车床	三爪卡盘	90°外圆车刀	外径千分尺			

续表

5	调头装夹 φ27 外圆处，找正夹牢	CA6140 车床	三爪卡盘			卡盘扳手	
6	车端面，保证总长尺寸 $89_{-0.10}^{0}$ mm	CA6140 车床	三爪卡盘	45°端面车刀	游标卡尺		
7	粗加工 φ35 外圆，留 0.5mm 余量	CA6140 车床	三爪卡盘	45°端面车刀	游标卡尺		
8	精加工 φ35 外圆至尺寸	CA6140 车床	三爪卡盘	90°外圆车刀	外径千分尺		
9	按要求倒角	CA6140 车床	三爪卡盘	45°端面车刀			
10	检测后取下工件	CA6140 车床	三爪卡盘		外径千分尺	卡盘扳手	
更改内容							
编制		校对		审核		批准	

切削用量选择及机床调整方法与案例1类似，此处不再赘述。

二、台阶孔车削

1. 内孔车刀种类

1）根据刀片固定的形式分类。

（1）整体式镗刀。整体式镗刀一般分为高速钢和硬质合金两种。高速钢整体式镗刀一般用不同规格的高速钢车刀磨出刀头和刀杆，如图 4-3-21 所示。硬质合金整体式镗刀是将一块硬质合金刀片焊接在 45 钢制成的刀杆的切削部分上。

（2）机械夹固式镗刀。机械夹固式镗刀由刀杆、刀片和紧固螺钉组成，特点是能增加刀杆强度，节约刀杆材料，一般刀头为硬质合金，只需拧开紧固螺钉便可更换刀片，使用起来灵活方便，如图 4-3-22 所示。

图 4-3-21　高速钢（左）、硬质合金（右）整体式镗刀

图 4-3-22　机械夹固式镗刀

2）根据不同的加工情况分类。

（1）通孔镗刀。通孔镗刀主要用于粗、精加工通孔，切削部分的几何形状与 45°端面车刀

相似，如图4-3-23（a）和图4-3-23（b）所示。为了减小径向切削抗力，防止车孔时产生振动，主偏角应取大一些，一般取60°~75°；副偏角略小，一般取15°左右。

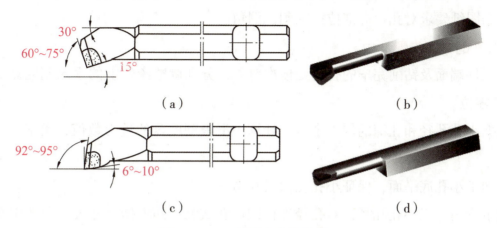

图 4-3-23　硬质合金整体镗刀

(a) 通孔镗刀的几何角度；(b) 通孔镗刀的实物图；
(c) 盲孔镗刀的几何角度；(d) 盲孔镗刀的实物图

（2）盲孔镗刀。盲孔镗刀用来车削盲孔或粗、精加工台阶孔，切削部分的几何形状与90°外圆车刀相似，如图4-3-23（c）和图4-3-23（d）所示。主偏角要求略大于90°，一般在92°~95°之间，副偏角取6°~10°。与通孔镗刀不同的是盲孔镗刀的刀尖必须处于刀头部位的最顶端，否则就无法车平台阶孔底。

2. 内孔车刀装夹

1）安装内孔车刀时，刀尖应对准工件中心或略高一些，这样可以避免镗刀受到切削力的作用产生"扎刀"现象，而把孔径车大。

2）为了保证内孔车刀有足够的刚性，避免产生振动，刀杆伸出的长度尽可能短一些，一般比工件孔深长5~6mm。

3）内孔车刀的刀杆应与工件轴心平行，否则在车削到一定深度后，刀杆后半部分容易和工件孔口处相碰。

4）为了确保镗孔安全，通常在镗孔前让内孔车刀在孔内试走一刀，以便及时了解内孔车刀在孔内加工的状况，确保镗孔顺利进行。

5）使用盲孔车刀加工盲孔或台阶孔时，主刀刃应与端面成3°~5°夹角，并且在镗削孔底端面时，要求横向有足够的退刀余地，即刀尖到刀杆外端的距离 a 应小于内孔半径 R，否则就无法车平孔底平面，如图4-3-24所示。

3. 车削内孔步骤

1）在钻削完毕的孔壁处对刀，调整中滑板刻度盘数值至零位。

2）根据内孔孔径的加工余量，计算中滑板刻度盘的进刀数值，粗车内孔，并留精加工余量。

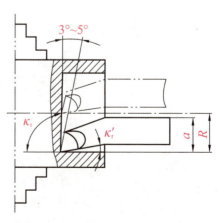

图 4-3-24　盲孔车刀的装夹

3）按余量精加工内孔，对孔径进行试切和试测，并根据尺寸公差微调中滑板进刀数值，反复进行，直至符合孔径尺寸精度要求后纵向机动进给，退刀后完成内孔的加工。

4）根据图纸要求对孔口等部位去毛刺、倒角。

4. 台阶孔的车削步骤

1）在工件端面及钻削完毕的孔壁处依次对刀，分别调整床鞍上的手轮刻度盘和中滑板刻度盘数值至零位。

2）根据小孔孔径和孔深的加工余量，计算中滑板刻度盘的进刀数值，粗车小孔，并留精加工余量。

3）精加工小孔底平面，保证小孔孔深尺寸精度。

4）按余量精加工小孔孔径，对孔径进行试切和试测，并根据尺寸公差微调中滑板进刀数值，反复进行，直至符合孔径尺寸精度要求后纵向机动进给，当床鞍刻度值接近小孔孔深时，改用床鞍手轮手动进给，退刀后完成对小孔的加工。

5）重复以上 2 至 4 步骤，即先粗加工大孔孔径和孔深，再精加工大孔孔深，最后试切、试测并纵向进给，保证大孔孔径尺寸精度，退刀后完成对大孔的加工。

6）根据图纸要求对孔口等部位去毛刺、倒角。

5. 测量内孔

测量孔径尺寸时，应根据工件的尺寸、精度以及数量的要求选择相应的量具，如图 4-3-25 所示。孔径精度要求较低时，可用钢直尺、游标卡尺或内卡钳测量。精度要求较高的，常选用内径千分尺、内测千分尺、内径百分表及圆柱塞规等测量。

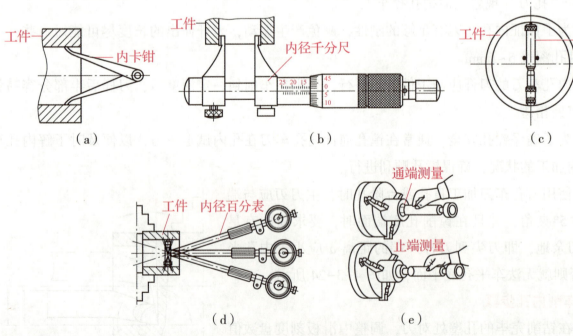

图 4-3-25 测量孔径的方法

（a）内卡钳测量；（b）内径千分尺测量；（c）内测千分尺测量；
（d）内径百分表测量；（e）圆柱塞规测量

6. 任务布置

如图4-3-26所示，本任务是车台阶盲孔。零件材料为45钢，毛坯规格为 $\phi 45$ mm× 50 mm。

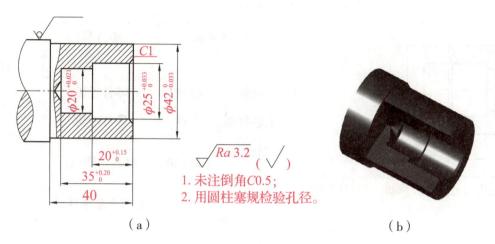

图 4-3-26 车台阶盲孔

(a) 零件图；(b) 实物图

1) 零件图分析。该零件为台阶盲孔，各直径及长度有公差要求，表面粗糙度要求 Ra 为 3.2μm。孔口有倒角 $C1$。

2) 零件工艺性分析。

(1) 零件材料：45钢。切削加工性良好，无特殊加工要求，加工中不需采取特殊工艺措施。刀具材料选择范围较大，高速钢或YT类硬质合金均能胜任。刀具几何参数可根据不同刀具类型通过相关表格查取。

(2) 零件组成表面：内外圆、端面及倒角。

(3) 主要技术条件：$\phi 20$ 及 $\phi 25$ 内圆尺寸精度要求 $\phi 20_{\ 0}^{+0.021}$ mm、$\phi 25_{\ 0}^{+0.033}$ mm。长度尺寸分别为 $35_{\ 0}^{+0.20}$ mm、$20_{\ 0}^{+0.15}$ mm，$\phi 42$ 外圆尺寸精度为 $\phi 42_{-0.033}^{\ 0}$ mm，长 40mm。

3) 拟订加工步骤。

(1) 用三爪自定心卡盘夹牢毛坯外圆，伸出长度 50mm 左右，车右端面。

(2) 粗精加工 $\phi 42$mm×40mm 外圆至尺寸，并倒角。

(3) 用麻花钻钻 $\phi 18$mm 孔，有效孔深 32～34mm。

(4) 粗精加工 $\phi 20$mm×35mm 孔径至尺寸。

(5) 粗精加工 $\phi 25$mm×20mm 孔径至尺寸。

(6) 根据图纸要求倒角、去毛刺。

7. 制订台阶盲孔机械加工工艺卡

制订台阶盲孔机械加工工艺卡，如表4-3-3所示。

表 4-3-3 台阶盲孔机械加工工艺卡

厂名		机械加工工艺卡	
车间			
产品名称	零件号		零件名
			台阶盲孔
材料	45 钢	零件毛重	
毛坯种类	棒料	零件净重	
形状与尺寸	φ45×50	材料定额/kg	
		每台产品零件数	

1. 未注倒角C0.5；
2. 用圆柱塞规检验孔径。

工序号	工序或工步内容	工艺装备名称及编号					时间定额/min	
		设备	夹具	刀具	量具	辅具	单件时间	准备结束时间
1	工件伸出卡爪50mm左右，校正并夹紧	CA6140车床	三爪卡盘			卡盘扳手		
2	车平端面	CA6140车床	三爪卡盘	45°端面车刀		刀架扳手		
3	粗加工 φ42mm×40mm 外圆，留余量	CA6140车床	三爪卡盘	90°外圆车刀	游标卡尺	刀架扳手		
4	精加工 φ42mm×40mm 外圆至尺寸	CA6140车床	三爪卡盘	90°外圆车刀	外径千分尺			
5	用麻花钻钻 φ18mm 孔，有效孔深32~34mm	CA6140车床	三爪卡盘	φ18钻头	游标卡尺			
6	粗加工 φ20mm×35mm 孔径，留余量	CA6140车床	三爪卡盘	90°外圆车刀	游标卡尺			
7	精加工 φ20mm×35mm 孔径至尺寸	CA6140车床	三爪卡盘	90°外圆车刀	内径量表			
8	粗加工 φ25mm×20mm 孔径，留余量	CA6140车床	三爪卡盘	90°外圆车刀	内径千分尺			
9	精加工 φ25mm×20mm 孔径至尺寸	CA6140车床	三爪卡盘	90°外圆车刀	内径千分尺			

续表

10	根据图纸要求倒角、去毛刺	CA6140车床	三爪卡盘	45°端面车刀			
11	仔细检查各部分尺寸，取下工件	CA6140车床	三爪卡盘		游标、千分尺	卡盘扳手	
更改内容							
编制		校对			审核		批准

8. 车孔时注意事项

1）注意中滑板进、退刀方向与车外圆相反；

2）车孔前应摇动床鞍手轮使刀具在毛坯孔内来回移动一次，以检查刀具和工件有无碰撞；

3）车削过程中，应注意观察切削情况，如排屑不畅、发生尖叫等，应及时停止切削，修正刀具几何角度或改变切削用量；

4）粗车通孔时，当孔快要车通时应停止机动进给，改用手动进给，以防崩刃；孔口应按要求倒角或去锐边；

5）精车内孔时，应该保持切削刃锋利，否则容易产生让刀，把孔车成锥形；

6）车小孔时，应注意排屑问题。

三、圆锥车削

圆锥在机械制造业中应用广泛，圆锥配合具有配合紧密、自动定心、自锁性好、装拆方便、互换性好等优点，常用于机床主轴、尾座锥孔、圆锥齿轮、顶尖、工具和刀具锥柄等，如图4-3-27。

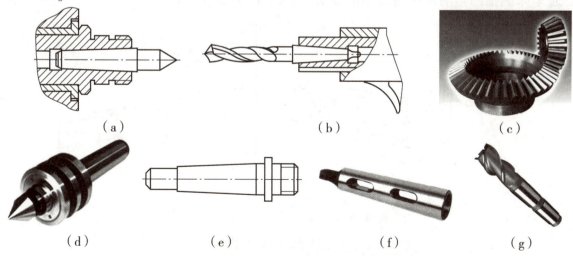

图 4-3-27 常见圆锥零部件示例

(a) 机床主轴；(b) 尾座锥孔；(c) 圆锥齿轮；(d) 顶尖；

(e) 锥柄工具；(f) 莫氏变径套；(g) 钻头锥柄

1. 圆锥的基本参数

圆锥的基本参数（见图 4-3-28 标注）有：

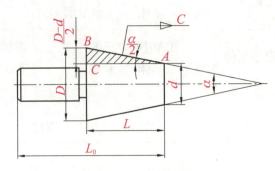

图 4-3-28 圆锥体

1）最大圆锥直径 D，简称大端直径。
2）最小圆锥直径 d，简称小端直径。
3）圆锥长度 L，最大圆锥直径与最小圆锥直径之间的轴向距离。工件全长一般用 L_0 表示。
4）锥度 C，圆锥的最大圆锥直径与最小圆锥直径之差与圆锥长度之比，即

$$C = \frac{D-d}{L}$$

5）圆锥半角 $\alpha/2$

圆锥角 α 是在通过圆锥轴线的截面内两条素线之间的夹角。车削圆锥面时，小滑板转过的角度是圆锥角一半即圆锥半角 $\alpha/2$。其计算公式为：

$$\tan\frac{\alpha}{2} = \frac{D-d}{2L} = \frac{C}{2}$$

由此看出，锥度确定后，圆锥半角可由锥度直接计算出来。

2. 转动小滑板法车圆锥及其特点

普通车床圆锥的车削常用转动小滑板法，如图 4-3-29 所示。

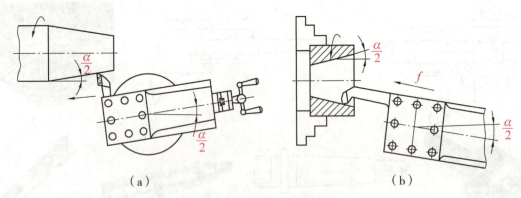

图 4-3-29 转动小滑板法车圆锥
(a) 车外圆锥；(b) 车内圆锥

转动小滑板法车圆锥的特点。

1）因受小滑板行程限制，只能加工圆锥角大但锥面不长的工件。
2）同一工件上加工不同角度的圆锥时调整方便。

3）只能手动进给，劳动强度大，表面粗糙度要求较难控制。

4）转动小滑板法操作简便，角度调整范围广，适用于单件、小批量生产。

3. 圆锥的检测

1）用万能角度尺检测，适用于单件、小批量的锥度测量。图4-3-30所示为用万能角度尺检测角度。

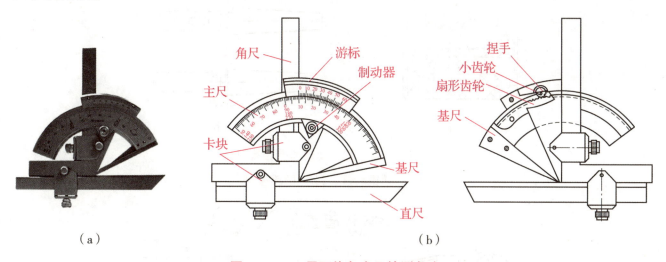

图4-3-30 用万能角度尺检测角度
（a）万能角度尺；（b）万能角度尺的结构

2）用角度样板检测，角度样板属于专用量具，常用在成批和大量生产时，以减少辅助时间。图4-3-31所示为用角度样板检测圆锥角度。

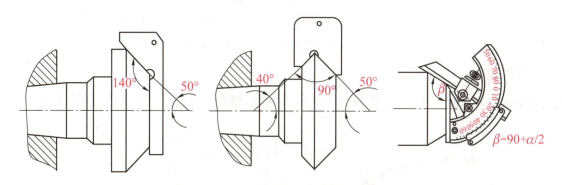

图4-3-31 用角度样板测量圆锥角度

3）用锥度套规检测，适用于大批量生产中锥度检测。

用圆锥套规（图4-3-32）检验外圆锥时（如图4-3-33所示），要求工件和套规的表面清洁，工件外圆锥面的表面粗糙度要求 Ra 值小于 $3.2\mu m$ 且表面无毛刺。检测时，先在外圆锥表面顺着圆锥素线用显示剂均匀地涂上三条线（相隔120°），如图4-3-33（a）所示。然后把外圆锥放入套规中约转动半周，观察显示剂擦去的情况。如显示剂擦涂均匀（70%左右），则说明圆锥接触良好，锥度正确，工件合格。如大端擦去而小端没擦去，则说明外圆锥角太大了；反之则说明外圆锥角太小了，两种情况工件均不合格。

检验内圆锥使用圆锥塞规，如图4-3-32（b）所示，其检验方法与外圆锥基本相同，显示剂应涂在圆锥塞规上。

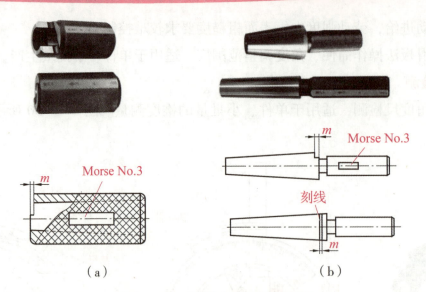

图 4-3-32 圆锥套规和圆锥塞规

(a) 圆锥套规；(b) 圆锥塞规

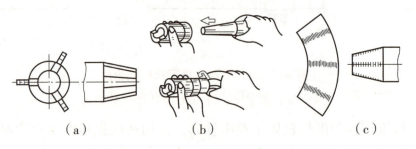

图 4-3-33 用圆锥套规涂色检测外圆锥

(a) 在外圆锥表面均匀涂上三条线；(b) 把外圆锥放入套规中转动半周；

(c) 显示剂擦涂均匀，锥度正确

3. 任务布置

把 $\phi 65mm \times 100mm$ 毛坯车成如图 4-3-34 所示的锥体。材料：45 钢，数量 1 件。

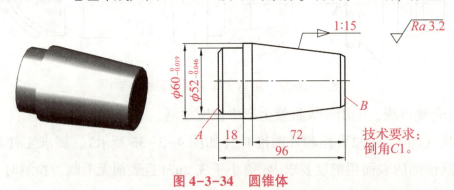

图 4-3-34 圆锥体

1）零件图分析。该零件为圆锥体，两处直径有公差要求，表面粗糙度要求 Ra 为 $3.2\mu m$。两端有倒角 $C1$。

2）零件工艺性分析

（1）所需工艺装备：普通车床、45°车刀、90°粗车刀、90°精车刀、三爪自定心卡盘、活扳手、0.02mm/（0~150）mm 的游标卡尺、50~75mm 的千分尺、万能角度尺、铜皮。

项目四 车削加工技术

(2)零件材料：45钢。切削加工性良好，无特殊加工要求，加工中不需采取特殊工艺措施。刀具材料选择范围较大，高速钢或YT类硬质合金均能胜任。刀具几何参数可根据不同刀具类型通过相关表格查取。

(3)零件组成表面：外圆、端面及倒角。

(4)主要技术条件：锥度 1:15，$\phi 60$ 及 $\phi 52$ 有尺寸精度要求 $\phi 60_{-0.019}^{0}$ mm、$\phi 52_{-0.046}^{0}$ mm。长度尺寸没有精度要求。

3) 拟订加工步骤。

(1)用三爪自定心卡盘夹牢毛坯外圆，伸出长度25mm左右，粗、精车左端各表面；

(2)用铜皮包住 $\phi 52$mm 外圆，夹住 15mm 左右，粗、精车 $\phi 60$mm 外圆至尺寸要求；

(3)粗车外圆锥：小滑板逆时针转动；

(4)用万能角度尺检查圆锥角，并把小滑板转角调整准确；

(5)精车外圆锥至要求，倒角。

4. 制订圆锥体机械加工工艺卡

制订圆锥体机械加工工艺卡如表 4-3-4 所示。

表 4-3-4 圆锥体机械加工工艺卡

		厂名		机械加工工艺卡	
		车间			
		产品名称	零件号		零件名
					圆锥体
		材料	45钢	零件毛重	
		毛坯种类	棒料	零件净重	
		形状与尺寸	$\phi 65 \times 100$	材料定额/kg	
				每台产品零件数	

工序号	工序或工步内容	工艺装备名称及编号					时间定额/min	
		设备	夹具	刀具	量具	辅具	单件时间	准备结束时间
1	三爪卡盘夹毛坯外圆，伸出长度25mm左右	CA6140车床	三爪卡盘			卡盘扳手		
2	车平端面 A	CA6140车床	三爪卡盘	45°端面车刀				

续表

3	粗车外圆 φ52mm×18mm 至尺寸要求	CA6140车床	三爪卡盘	90°外圆车刀	游标卡尺	
4	精车外圆 φ52mm×18mm 至尺寸要求	CA6140车床	三爪卡盘	90°外圆车刀	外径千分尺	
5	倒角 C1	CA6140车床	三爪卡盘	45°端面车刀		
6	用铜皮包住 φ52mm 外圆，夹住 15mm 左右，校正并夹紧	CA6140车床	三爪卡盘	90°外圆车刀	游标卡尺	卡盘扳手
7	车端面 B，保证总长 96mm	CA6140车床	三爪卡盘	45°端面车刀	游标卡尺	
8	粗、精车 φ60mm 外圆至尺寸要求	CA6140车床	三爪卡盘	90°外圆车刀	外径千分尺	
9	粗车外圆锥，小滑板逆时针转动（圆锥半角为 α/2=1°54′48″）粗车外圆锥	CA6140车床	三爪卡盘	90°外圆车刀		活扳手
10	用万能角度尺检查圆锥角，并把小滑板转角调整准确	CA6140车床	三爪卡盘	90°外圆车刀	万能角度尺	活扳手
11	精车外圆锥至要求	CA6140车床	三爪卡盘	90°外圆车刀	万能角度尺	
12	倒角 C1	CA6140车床	三爪卡盘	45°端面车刀		
13	检测合格，取下工件	CA6140车床	三爪卡盘		外径千分尺、万能角度尺	卡盘扳手

| 更改内容 | | | | | | |
| 编制 | | 校对 | | 审核 | | 批准 |

5. 注意事项

1）车圆锥时，车刀刀尖中心高必须装准，以避免产生双曲线（圆锥素线的直线度）误差，如图 4-3-35 所示。

2）车外圆锥前所加工的圆柱直径一般应按圆锥大端直径放余量 1mm 左右。

3）注意消除小滑板间隙。小滑板不宜过松，以防圆锥表面车削痕迹粗细不一。

4）粗车时，切削深度不宜过大，应先校正锥度，以防将工件车小而报废。一般留精车余量 0.5mm。

5）在转动小滑板角度时，初始应稍大于圆锥半角（α/2），然后逐步校正。

6）车刀切削刃要始终保持锋利。两手应尽可能匀速并连续转动小滑板手柄控制进给。

7）用万能角度尺测量锥度时，测量边应通过工件中心。

8）防止活扳手在紧固小滑板螺母时打滑而伤手。

9）用圆锥量规检测时，量规和工件表面须擦干净；涂色要薄而均匀，转动量应在半圈以内，不可来回旋转。

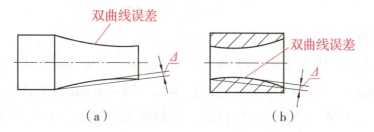

图 4-3-35　圆锥面的双曲线误差

（a）外圆锥面双曲线误差；（b）内圆锥面双曲线误差

四、沟槽车削

1. 切槽方法

1）车削精度不高的和宽度较窄的外沟槽可以用刀宽等于槽宽的车槽刀，采用直进法一次进给车出，如图 4-3-36 所示。精度要求较高的沟槽，一般采用二次进给车成。即第一次进给车沟槽时，槽壁两侧留精车余量，第二次进给时用等宽刀修整。

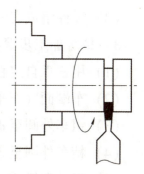

图 4-3-36　窄沟槽车削

2）车削较宽的沟槽，可用多次直进法切削，并在槽的两侧留一定的精车余量，然后根据槽深、槽宽精车至尺寸，如图 4-3-37 所示。

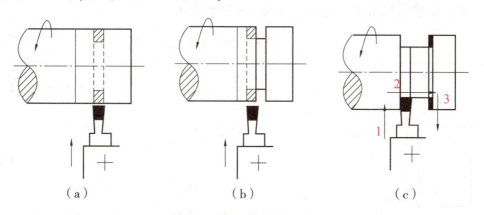

图 4-3-37　宽沟槽车削

（a）第一次横向进给；（b）第二次横向进给；（c）末次横向进给后再以纵向进给车槽底

2. 任务布置

用 φ40mm×120mm 毛坯车出如图 4-3-38 所示的带槽小轴。材料：45 钢，数量 2 件。

1）零件图分析。该零件为一个带外沟槽的小阶梯轴，零件各尺寸要求不高。

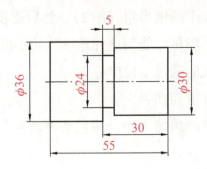

图 4-3-38 带槽小轴

技术要求：
1. 未注倒角C0.5；
2. 未注Ra3.2。

2）零件工艺分析。

（1）所需工艺装备：普通车床、45°车刀、90°粗车刀、90°精车刀、切槽刀、切断刀、三爪自定心卡盘、0.02mm/（0~150）mm的游标卡尺、25~50mm的千分尺、铜皮。

（2）零件材料：45钢。切削加工性良好，无特殊加工要求，加工中不需采取特殊工艺措施。刀具材料选择范围较大，高速钢或YT类硬质合金均能胜任。刀具几何参数可根据不同刀具类型通过相关表格查取。

（3）零件组成表面：外圆、端面、外沟槽及尖角倒钝。

3）拟订加工步骤：

（1）用三爪自定心卡盘夹住工件外圆，伸长60mm左右，并找正夹紧；

（2）车端面（车平即可）；

（3）粗车外圆至 $\phi36mm\times55mm$、$\phi30mm\times30mm$；

（4）精车外圆至 $\phi36mm\times55mm$、$\phi30mm\times30mm$；尖角倒钝；

（5）粗精车槽 $\phi24mm\times5mm$，槽口倒钝；

（6）调头装夹，铜皮包裹；按以上步骤车另一头；

（7）切断；平端面，倒钝。

4）制订带槽小轴机械加工工艺卡，如表4-3-5所示。

表 4-3-5 带槽小轴机械加工工艺卡

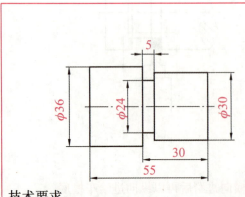

技术要求：
1. 未注倒角 C0.5；
2. 未注 Ra3.2。

厂名		机械加工工艺卡	
车间			
产品名称		零件号	零件名
			带槽小轴
材料	45钢	零件毛重	
毛坯种类	棒料	零件净重	
形状与尺寸	$\phi40\times120$	材料定额/kg	
		每台产品零件数	

续表

工序号	工序或工步内容	工艺装备名称及编号					时间定额/min	
		设备	夹具	刀具	量具	辅具	单件时间	准备结束时间
1	用三爪自定心卡盘夹住工件外圆,伸长60左右,并找正夹紧	CA6140车床	三爪卡盘			卡盘扳手		
2	车端面(车平即可)	CA6140车床	三爪卡盘	45°端面车刀		刀架扳手		
3	粗车外圆至 $\phi36mm×55mm$、$\phi30mm×30mm$	CA6140车床	三爪卡盘	90°外圆车刀	游标卡尺	刀架扳手		
4	精车外圆至 $\phi36mm×55mm$、$\phi30mm×30mm$	CA6140车床	三爪卡盘	90°外圆车刀	游标卡尺、外径千分尺			
5	尖角倒钝	CA6140车床	三爪卡盘	45°端面车刀				
6	粗精车槽 $\phi24mm×5mm$	CA6140车床	三爪卡盘	4mm切槽刀	游标卡尺			
7	槽口倒钝	CA6140车床	三爪卡盘	45°端面车刀				
8	调头装夹,铜皮包裹	CA6140车床	三爪卡盘			卡盘扳手/铜皮		
9	按以上步骤车另一头	CA6140车床	三爪卡盘	45°端面车刀、90°外圆车刀	游标卡尺、外径千分尺			
10	切断	CA6140车床	三爪卡盘	切断刀				
11	平端面,保证总长	CA6140车床	三爪卡盘		游标卡尺			
12	倒钝	CA6140车床	三爪卡盘	45°端面车刀				

13	检测合格后，取下工件			CA6140车床	三爪卡盘		游标卡尺	卡盘扳手	
更改内容									
编制		校对				审核		批准	

任务练习

一、填空题

1. 车削精度不高的和宽度较窄的外沟槽可以用刀宽_____槽宽的车槽刀，采用_____一次进给车出。精度要求较高的沟槽，一般采用_____车成。即第一次进给车沟槽时，槽壁两侧留精车余量，第二次进给时用_____修整。

2. 三爪卡盘又称_____，其规格是_____。常用的有_____、_____、_____三种。

3. 四爪卡盘规格也是_____。常用的有_____、_____、_____三种。由于四个卡爪_____运动，装夹时_____自动定心。

4. 车削一般轴类工件，尤其是较重、较长的工件时，可将采用_____方法装夹，即工件一端用_____装夹，另一端用_____支顶。这种方法装夹较安全可靠，能承受较大的进给力，因此应用广泛。

5. 车刀刀尖的高低应_____工件中心。

6. 圆锥的基本参数有_____、_____、_____、_____、_____。

二、选择题

1. 下列说法中，错误的是(　　)。

A. 三爪自定心卡盘装夹方便，但夹紧力较小，所以适用于装夹外形规则的中小型零件。

B. 三爪自定心卡盘装夹任何工件都不需要找正。

C. 四爪卡盘找正工件比较麻烦，但夹紧力大，所以适用于装夹长方体工件、大型或形状不规则的工件。

D. 两顶尖装夹工件的优点是装夹方便，不需要找正，装夹精度高。

2. 关于车刀安装，下列说法错误的是(　　)。

A. 车刀不能伸出刀架太长，应尽可能伸出的短些。

B. 装车刀用的垫片要平整，尽可能地用厚垫片以减少片数。

C. 车刀装上后，要紧固刀架螺钉，一般要紧固两个螺钉。

D. 车外圆时，刀尖要与工件中心等高；车端面时，不需要刀尖对准工件中心。

3. 下图中游标卡尺的读数,正确的是( )。

A. 38.40　　　　　B. 38.04　　　　　C. 38.2　　　　　D. 40.04

4. 下图中千分尺的读数,正确的是( )。

A. 10.970　　　　　B. 10.030　　　　　C. 10.472　　　　　D. 15.470

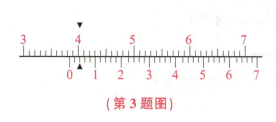

(第3题图)

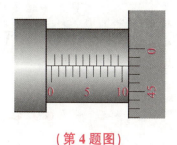

(第4题图)

三、简答题

1. 刀尖对中心的方法有哪几种?

2. 磨床主轴圆锥已知锥度 $C=1:5$,最大圆锥直径 $D=45$mm,圆锥长度 $L=50$mm,求最小圆锥直径 d。

任务拓展

阅读材料——配套圆锥和对称圆锥的车削

一、配合圆锥的车削

为了保证内、外锥面的良好配合,车配套圆锥时,关键在于小滑板在同一调整位置状态下完成内、外锥面的车削。车削时,先把外锥体车削正确,这时不要变动小滑板的角度。

1. 车刀反装法

只需把车孔刀反装,使切削刃向下,如图4-3-39(c)所示,即可车削圆锥孔,由于小滑板角度不变,因此可以获得正确的圆锥配合表面。

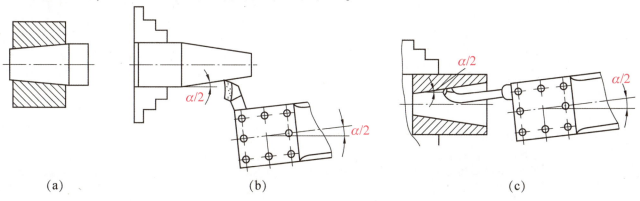

图 4-3-39　配合圆锥的车削

(a) 配合圆锥; (b) 外圆锥车削; (c) 内圆锥车削

2. 车刀正装法

采用与一般内孔车刀弯头方向相反的车刀，如图 4-3-40 所示。车刀正装，使车刀前面向上，刀尖对准工件回转中心。车床主轴反转。车刀相对工件的切削位置与车刀反转法时的切削位置相同。

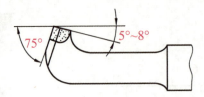

图 4-3-40　与内孔车刀弯头方向相反的车刀

二、对称圆锥的车削

先把外端圆锥孔车削正确，不变动小滑板的角度，把车刀反装，摇向对面，再车削里面的圆锥孔，如图 4-3-41 所示。此方法操作方便，不但能使两对称圆锥孔锥度相等，而且工件不需卸下，两锥孔可获得很高的同轴度。

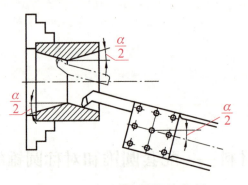

图 4-3-41　对称圆锥的车削

项目五

铣削加工技术

知识树

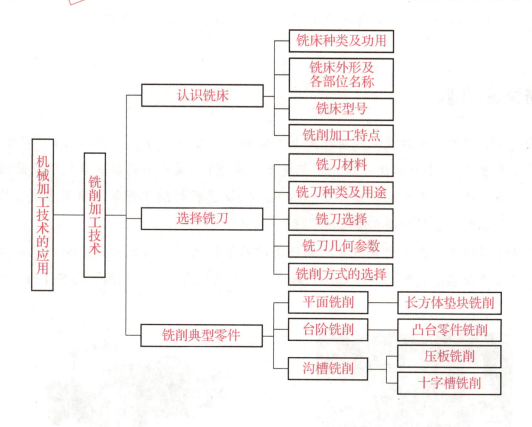

任务一　认识铣床

随着机械加工技术的不断发展和应用领域的扩大，机加工技术对国计民生的许多重要行业（IT、汽车、轻工、医疗等）的发展起着越来越重要的作用。尤其是在军工、航天、深海探测的领域对机加工技术的要求越来越高，不但要求设备具有高速度、高精度的加工的特点，还要求我们的设备操作者要有文化、有素养，踏实能干、肯于钻研，具备驾驭这些设备的能力及为国家建设贡献力量的信心与决心。铣床就是众多机加工设备中的一种。

铣床是用铣刀对工件多种表面进行铣削加工的机床。铣床除能铣削平面、沟槽、轮齿、螺纹和花键轴外，还能加工比较复杂的型面，由于是多刃断续切削，因而铣床的生产率较高，在机械制造和修理部门得到广泛应用。铣床的主运动为铣刀的旋转运动，进给运动为工件相对于铣刀的移动。

任务目标

正确识读铣床的型号；
能识别不同类型的铣床；
能说出铣床各组成部件的名称；
培养学生吃苦耐劳精神，使其有为国家建设贡献力量的信心与决心。

任务描述

铣床是一种用途广泛的机床，在铣床上可以加工平面（水平面、垂直面）、沟槽（键槽、T形槽、燕尾槽等）、分齿零件（齿轮、花键轴、链轮）、螺旋形表面（螺纹、螺旋槽）及各种曲面。此外，还可用于对回转体表面、内孔加工及进行切断工作等。简单来说，铣床是可以对工件进行铣削、钻削和镗孔加工的机床。

本任务主要通过对铣床的学习，了解铣床的基本结构，掌握铣床的分类和铣床型号的含义，熟悉典型铣床各组成部分的功用，了解铣削加工的特点。常用铣床如图5-1-1、图5-1-2所示。

图 5-1-1 立式铣床

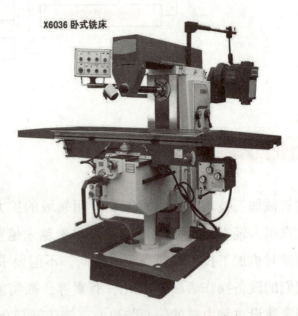

图 5-1-2 卧式铣床

知识链接

铣床是机械制造业的重要设备。铣床生产效率高，加工范围广，是一种应用广泛、类型较多的金属切削机床。铣削是在铣床上用铣刀进行的切削加工。

一、铣床的种类与功用

铣床的种类很多，常用的有立式铣床（如图5-1-1所示）、卧式铣床（如图5-1-2所示），主要用于单件、小批量生产中加工尺寸不大的工件。此外还有龙门铣床（图5-1-3）、工具铣床和各种专门化铣床。现在又出现了数控铣床，它具有适应性强、精度高、生产效率高、劳动强度低等优点。

1. 卧式铣床

卧式铣床的主轴轴线与工作台面平行，它的纵向进给方向与主轴轴线垂直，可保证很高的几何精度。纵向工作台在±45°的范围内可以转到所需的位置，故加工范围比较广泛。一般都带立铣头，虽然立铣头功能和刚性不如立式铣床，但足以应付立铣加工。这使得卧式铣床总体功能比立式铣床强大。卧式铣床多用于齿轮、花键、开槽、切断等加工。

2. 立式铣床

立式铣床的主轴轴线与工作台面垂直。立铣头与床身由两部分组合而成，结合处呈转盘状，并有刻度。立铣头可按工作需要向左右扳转一个角度，使主轴与工作台倾斜一个需要的角度，加工范围较广泛。由于立式铣床操作时观察、检查和调整铣刀位置等都比较方便，生产效率较高，故在生产车间应用较为广泛。立式铣床除多用于平面加工外，也适合加工对于平面有高低曲直几何形状的工件，如模具类。

立式铣床与卧式铣床相比较，主要区别是主轴垂直布置。立式铣床用的铣刀相对灵活一些，适用范围较广。

3. 龙门铣床

龙门铣床是具有门式框架和卧式长床身的铣床。龙门铣床加工精度和生产效率均较高，适合在成批、大量生产中加工大型工件的平面和斜面。龙门铣床由立柱和顶梁构成门式框架。横梁可沿两立柱导轨做升降运动。横梁上有1~2个带竖直主轴的铣头，可沿横梁导轨做横向运动。两个立柱上还可分别安装一个带有水平主轴的铣头，它可沿立柱导轨做升降运动。这些铣头可同时加工几个表面。每个铣头都具有单独的电动机、变速机构、操纵机构和主轴部件等。加工时，工件安装在工作台上并随着工作台做纵向进给运动。

4. 摇臂铣床

摇臂铣床（图5-1-4）的工作台可纵向、横向移动，主轴竖直布置，通常为台式铣床，机头可升降，具有钻削、铣削、镗削、磨削、攻螺纹等多种切削功能。主轴箱可在竖直平面内左右回转90°，部分机型的工作台可在水平面内左右回转45°，多数机型的工作台可纵向自动进给。

图 5-1-3 龙门铣床

图 5-1-4 摇臂铣床

二、铣床外形及各部位名称

1. 卧式铣床外形及各部位名称（如图 5-1-5 所示）

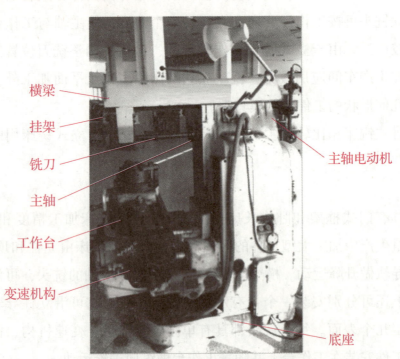

图 5-1-5 卧式铣床外形及各部位名称

2. 立式铣床外形及各部位名称（如图 5-1-6 所示）

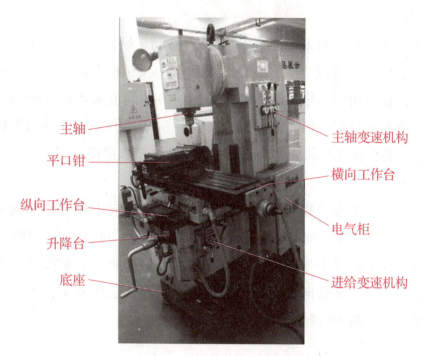

图 5-1-6　立式铣床外形及各部位名称

3. 铣床各部位的作用

1）横梁。

横梁上附带有一挂架，横梁可沿床身顶部导轨移动。它们主要作用是支持安装铣刀的长刀轴外端，横梁可以调整伸出长度，以适应安装各种不同长度的铣刀刀轴。横梁背部成拱形，有足够的刚度，挂架上有与主轴同轴线的支撑孔，保证支持端与主轴同心，避免刀轴安装后引起扭曲。

2）床身。

机床大部分部件都安装在床身上。床身是机床的主体，主要用来固定和支撑铣床各部件。内部装有主轴、主轴变速箱、电动机、润滑油泵。床身是箱体结构，一般选用优质灰铸铁铸成，结构坚固、刚性好、强度高，同时由于机床精度的要求，床身的制造还必须经过精密的金属切削加工和时效处理。床身与底座相连接。床身顶部有水平燕尾槽导轨，供横梁来回移动；床身正面有垂直导轨，供升降工作台上下移动；床身背面安装主轴电动机。床身内腔的上部安装铣床主轴，中部安装主轴变速部分，下部安装电器部分。

3）主轴。

主轴主要用来安装刀杆并带动铣刀旋转。主轴前端是带锥孔的空心轴，从铣床外部能看到主轴锥孔和前端。锥孔锥度一般选用 7:24，可安装刀轴，起传递扭矩作用。铣削时，要求主轴旋转平稳，无跳动，在主轴外圆两端均有轴承支撑，中部一般还装有飞轮，以使铣削平稳。主轴选用优质结构钢，并经过热处理和精密切削加工制造而成。

4）主轴变速机构。

主轴变速机构的作用是将主轴电动机的固定转速通过齿轮变速，变换成十八种不同转速，传递给主轴,适应铣削的需要。从机床外部能看到转速盘和变速手柄。

5) 纵向工作台。

纵向工作台作用是安装工件和带动工件作纵向移动。纵向工作台台面上有三条T形槽,可用T形螺钉来安装固定工件或夹具;工作台前侧有一条长槽,用来安装、固定极限自动挡铁和自动循环挡铁;台面四周有槽,给铣削时添加的冷却润滑液提供回液通路;纵向工作台下部是燕尾导轨,两端有挂架,用以固定纵向丝杠,一端装有手轮,转动手轮,可使纵向工作台移动。纵向工作台台面及导轨面、T形槽直槽的精度要求都很高。

6) 横向工作台。

横向工作台是在纵向工作台和升降台之间,用来带动纵向工作台作横向移动。横向工作台上部是纵向燕尾导轨槽,供纵向工作平移;中部是回转盘,可供纵向工作台在前后45°范围内扳转所需要的角度;下部是平导轨槽。从外表看,前侧安装有电器操纵开关、纵向进给机动手柄及固定螺钉,两侧安装横向工作台固定手柄,根据铣削的要求,可以固紧纵向或横向工作台,避免铣削中由切削力引起的剧烈振动。

7) 升降台。

升降台安装在床身前侧垂直导轨上,中部有丝杠与底座螺母相连接,其主要作用是带动工作台沿床身前侧垂直导轨作上下移动。工作台及进给部分传动装置都安装在升降台上。升降台前面装有进给电动机、横向工作台手轮及升降台手柄;侧面装有进给机构变速箱和横向升降台的机动手柄。升降台的精度要求也很高,否则在铣削过程中会产生很大振动,影响工件的加工精度。

8) 底座。

底座是整部机床的支承部件,具有足够的刚性和强度。底座四角有机床安装孔,可用螺钉将机床安装在固定位置。底座本身是箱体结构,箱体内盛装冷却润滑液,供切削时冷却润滑。

9) 进给变速机构。

进给变速机构是将进给电动机的固定转速通过齿轮变速,变换成十八种不同转速传递给进给机构,实现工作台移动的各种不同速度,以适应铣削的需要。进给变速机构位于升降台侧面,备有麻菇形手柄和进给量数码盘,改变进给量时,只需操纵麻菇手柄,转动数码盘,即可达到所需要的自动进给量。

三、铣床型号

机床的种类很多,每一类中又有多种不同的规格。为了便于选用和管理,对每一类机床都规定了一个统一的代号,而对每一类中不同规格的机床又进行了统一的编码。代号和编号合在一起就组成了机床的型号。

铣床的型号很多,它不仅是一个代号,还能反映铣床的类别、结构特征、性能和主要技术规程。每一台铣床的铭牌上都会标有机床型号（如图 5-1-7 所示）。

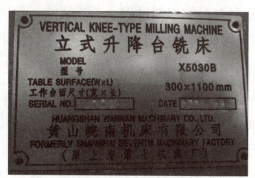

图 5-1-7　铣床铭牌

1. 铣床型号编制方法

铣床的型号通常是在代号后加若干数字排列而成（如图 5-1-8 所示）。代号代表机床的类别，铣床则统一用"X"来表示；字母后边紧跟的两个数字分别表示机床的组别和系别，用以表示机床的具体特性；最后两位数字则表示机床的基本参数（主参数）的 1/10 或 1/100。例如：

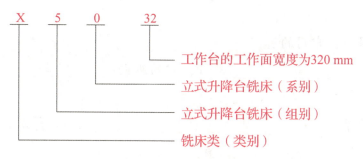

图 5-1-8　铣床型号编制方法

2. 编制说明

1）当机床的特性或结构有重大改进时，按其设计改进的顺序分别用汉语拼音大写字母"A""B""C"等表示，位于机床型号的末尾。例如 X5032B，表示在 X5032 的基础上，做了第二次改进。

2）当机床具有某些通用特性时（参考模块一中项目一表 1-4-2），应在型号中的类代号后，用字母予以表示。例如型号为 XB4326 的机床，是半自动平面仿形铣床。当机床有某些通用特性时，在型号最后用字母 B、Z、W 等标出，说明其有半自动、自动、万能等特性。当机床型号相同但结构不同时，型号后加字母 K、D、P、T 等标出，以示其结构上的不同。

3）日常生产中用到的铣床型号，如"X62W""X53T"等，是按照旧的编制方法编制的，至今沿用，其结构特征与功能与 X6132、X5032 基本相同。

四、铣削加工特点

铣床可以加工平面（水平面、垂直面等）、沟槽（键槽、燕尾槽、T 形槽等）、多齿零件上的齿槽（链轮、棘轮、齿轮、花键轴等）、螺旋形表面（螺纹和螺旋槽）及各种曲面。铣床在结构上要求有较高的刚度和抗振性,因为一方面铣削是多刃连续切削,生产效率较高;另一方面,每个刀刃的切削过程又是断续的,切削力周期性变化,容易引起机床振动。

1)采用多刃刀具进行加工,刀齿轮替切削,刀具冷却效果好,耐用度高。

2)铣削加工生产效率高,加工范围广,在普通铣床上使用各种不同的铣刀也可以完成平面(平行面、垂直面、斜面),台阶,沟槽(直角沟槽、V形槽、T形槽、燕尾槽等特形槽)以及特形面等的加工。加上分度头等铣床附件的配合运用,还可以完成花键轴、螺旋槽、齿式离合器等工件的铣削。

3)铣削加工具有较高的加工精度,其经济加工精度一般为IT9~IT7级,表面粗糙度要求 Ra 值一般为 12.5~1.6μm。精细铣削精度可达 IT5 级,表面粗糙度要求 Ra 值可以达到 0.2μm。

任务练习

一、填空题

1. 铣床的种类很多,常用的有_____、_____。
2. 卧式铣床的_____与_____平行,它的纵向_____与_____垂直,可保证很高的几何精度。
3. 卧式铣床多用于_____、_____、_____、_____等加工。
4. 立式铣床的_____与_____垂直。
5. 龙门铣床是具有_____和_____的铣床。
6. 铣床的型号通常是在_____后加_____排列而成。_____代表机床的类别,铣床则统一用"_____"来表示;字母后边紧跟的两个数字分别表示机床的_____和_____,用以表示机床的具体特性。

二、写出下列机床型号的意义

1. X6132
2. X5030A
3. X6130

三、简答题

1. 铣床纵向工作台和横向工作台的作用是什么?
2. 铣床上升降台的作用是什么?

> 任务拓展

阅读材料——重型龙门铣床、花键轴铣床

一、功能说明

重型龙门铣床（如图 5-1-9 所示）是在传统龙门刨铣床基础上开发出的新型机床，其功能汇聚当前最先进机床优势，配以先进电器，对机电控制技术进行升级，配备刨头、铣头、磨头即可实现刨削、铣削、磨削等功能，实现多面加工、一机多用，提高了工件的加工质量和生产效率。

Y631K 花键轴铣床是利用滚铣方法加工直槽花键轴、小齿数齿轮的专用机床，渐开线花键轴，本机床适用于汽车、拖拉机工业、机床制造业、液压制造业、起重机械、建筑机械等行业的花键轴，齿轴的加工。

图 5-1-9　重型龙门铣床

二、工作原理

重型龙门铣床主机结构为工作台移动、横梁沿左右立柱上下移动，配备各种快换附件铣头（直角铣头、万能角铣头、加长主轴头、反锪铣头等），一次装夹即可完成内外五面的镗、铣、钻、铰孔、攻丝等工序，广泛应用于机械加工部门的中型、重型黑色、有色金属的平面、斜面和凹槽的铣削以及孔类的镗扩加工。

三、产品特点

重型龙门铣床结构特点：

（1）重型龙门刨铣床是集刨、铣、磨功能于一机的机电一体化产品。适用于高速钢，硬质合金刀具对各种黑色金属、有色金属和部分非金属材料工件的加工。可完成平面、倾斜面、侧面、槽类齿条等工序刨、铣、磨的工艺加工。

（2）机床基础件为铸件，材质为 HT250 优质铸铁，全部经过热时效、振动时效二次时效处理，充分消除铸件的内应力。床身、立柱、横梁导轨全部经过超音频淬火处理。

（3）工作台传动方式：50°螺旋齿斜轴动力输入齿条传动。主变速箱均为 2 挡 4 速，工作台速度无级可调。

（4）横梁锁紧：横梁为机械自动锁紧并与横梁升降实现连锁控制。

（5）立刨头、侧刨头进给量为无级可调。

花键轴铣床结构特点：

（1）机床结构合理，精度保持稳定；主要传动部位均采用螺旋弧伞齿轮传动。

(2)车头箱蜗杆独立润滑,床身、工作台等均为优质铸铁,并经时效处理,性能良好。

四、安全操作规程

(1)每班工作前,根据机床的润滑要求,加油润滑。

(2)停车时间如较长,开动设备时,应低速运转3~5min,确认润滑、液压、电气系统及各部运转正常,再开始工作。

(3)装卸及测量工件时,必须使刀具退理并停车,装卸较重工件、胎具时,要选用安全可靠的吊具和方法,防止碰伤机床。

任务二 选择铣刀

刀具是机械制造中用于切除多余材料的工具。铣刀主要用于铣削加工,它是具有一个或多个刀齿的旋转刀具,铣削时各刀齿依次间歇地去除工件多余的余量。铣刀主要用于在铣床上加工平面、台阶、沟槽、成形表面和切断工件等。

在选择适合加工任务的铣刀时,必须考虑被加工零件的几何形状、尺寸和材料等各种问题,根据加工需求,选择铣刀的种类、角度、加工方式等。这就要求我们每位学习者必须全面考虑,不断探索总结,找出最佳的选刀用刀规律,加工出高质量产品,服务于行业,服务于社会,为行业的发展和社会的建设作出自己的贡献。

任务目标

了解铣刀的种类和用途;
了解铣刀的几何参数;
铣刀尺寸的选择;
会根据铣削加工实际需要选择合适的铣削方式;
培养专业技能,及为行业及社会作贡献的信心与决心。

任务描述

铣削加工的内容很广,用于铣削加工的刀具种类也很多(如图5-2-1所示)。本任务主要结合加工任务进行铣刀选择,选择刀具时,需要考虑被加工零件的几何形状、尺寸和工件材质、刀具的结构、角度参数等多个方面。

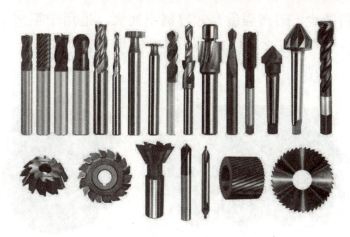

图 5-2-1 铣刀种类

知识链接

铣刀主要用于在铣床上加工平面、台阶、沟槽、成形表面和切断工件等。在选择铣刀时，主要考虑以下因素：铣刀的材料、铣削零件的材料及硬度、铣刀的种类、铣刀规格、铣刀几何角度、铣削方式等。

一、铣刀材料

常用的刀具材料有：高速钢、硬质合金。高速钢铣刀和硬质合金铣刀相比硬度较低。高速钢刀具价格低，韧性好，但强度不高，容易让刀，而且耐磨性、热硬性相对来说较差；高速钢铣刀的热硬性在 600℃ 左右，硬度 65HRC 左右，当用高速钢铣刀铣削较硬材料的时候，如果冷却液浇注不充分，很容易烧刀，这是热硬性不高的原因之一。高速钢铣刀一般在普通铣床上使用。

硬质合金铣刀热硬性好，耐磨，但抗冲击性能差，刀刃受到碰撞容易碎。硬质合金是用粉末冶金的方法制成的材料，硬度可达 90HRA 左右，热硬性可达 900℃~1 000℃。硬质合金铣刀一般在数控加工中心上使用。

二、铣刀的种类和用途

铣刀是金属切削刀具中种类最多的刀具之一，属于多齿刀具，其每一个刀齿都相当于一把单刃刀具固定在铣刀的回转表面上。铣刀可以按用途分类，也可以按齿背形式分类。

（一）按照用途分，铣刀可分为如下种类：

1. 加工平面用的铣刀

1）圆柱铣刀。

圆柱铣刀又称平铣刀，形状如图 5-2-2 所示，是用于卧式铣床上加工平面（如图 5-2-3 所示）。刀齿分布在铣刀的圆周上，按齿形分为直齿和螺旋齿两种。按齿数分粗齿和细齿两种。螺旋齿粗齿铣刀齿数少，刀齿强度高，容屑空间大，适用于粗加工；细齿铣刀齿数多、工作平稳，适用于精加工。可以多把铣刀组合在一起进行宽平面铣削，组合时必须是左右交错螺旋齿。

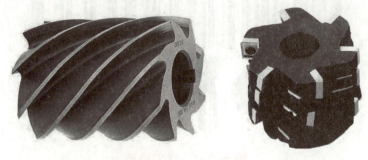

图 5-2-2 圆柱铣刀

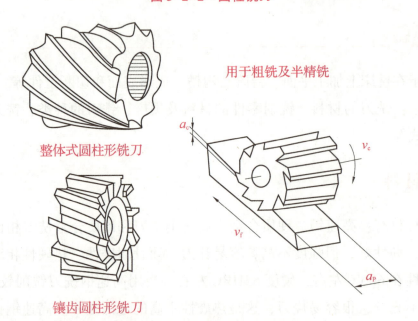

图 5-2-3 圆柱铣刀铣削平面

2）面铣刀如图 5-2-4 所示。

图 5-2-4 面铣刀

面铣刀与刀杆垂直的端面和外圆都有切削刃，主要用于铣平面。外圆的切削刃是主切削刃，端面的切削刃起着和刮刀一样的作用。面铣刀与套式立铣刀相比，其刃部较短。小直径面铣刀用高速钢做成整体式，大直径的面铣刀是在刀体上装配焊接式硬质合金刀头，或采用机械夹固式可转位硬质合金刀片。硬质合金面铣刀适用于高速铣削平面。

高速钢面铣刀一般用于加工中等宽度的平面。标准铣刀直径范围为 80～250mm。硬质合金面铣刀的切削效率及加工质量均比高速钢铣刀高，故目前广泛使用硬质合金面铣刀加工平面。

2. 加工沟槽用的铣刀

1）三面刃铣刀。

三面刃铣刀，其两个端面靠近外圆的部位都有切削刃（像宽锯齿状），所以称为三面刃。分布在铣刀的圆柱面上的是主切削刃，分布在两端面上的是副切削刃。因三面都有切削刃，故切削条件得到大大改善，也提高了切削效率和降低了表面粗糙度要求数值。

三面刃铣刀通常在卧式铣床上使用，一般用于铣凹槽、台阶面、侧面。使用时将刀安装在卧铣的刀杆上，当然也可以安装在其他机床上。

三面刃铣刀按齿型分类：分为直齿和左右旋交错齿（简称错齿）两类（如图 5-2-5 所示）。直齿三面刃铣刀用于铣削较浅定值尺寸凹槽，也可铣削一般槽、台阶面、侧面光洁加工。错齿三面刃铣刀用于加工较深的沟槽。

(a)　　　　　　　　　(b)

图 5-2-5　三面刃铣刀

(a) 直齿三面刃铣刀；(b) 错齿三面刃铣刀

2）锯片铣刀。

锯片铣刀既是锯片也是铣刀（如图 5-2-6 所示），同属于两者。锯片铣刀大多是由 W6Mo5Cr4V2 或同等性能的高速钢、硬质合金等材料制作。虽然硬质合金比高速钢的硬度高，切削力强，可提高转速和进给率，提高生产率，但是让刀不明显，虽然能加工不锈钢/钛合金等难加工材料，但是成本更高，而且在切削力快速交变的情况下容易断刀。

3）立铣刀。

立铣刀是机床上用得较多的一种铣刀，立铣刀的圆柱表面和端面上都有切削刃（如图 5-2-7 所示），它们可同时进行切削，也可单独进行切削。主要用于平面铣削、凹槽铣削、台阶面铣削和仿形铣削。

立铣刀用作平面铣削时，因其主偏角为 90°，刀具受力除主切削力外，主要是径向力，易于引起刀杆挠曲变形，也易于引发振动，影响加工效率，因此，除了类似于薄底工件需要小的轴向力等原因之外，不推荐用立铣刀来加工无台阶的平面。

图 5-2-6 锯片铣刀

图 5-2-7 立铣刀

适合用立铣刀加工的工件大多有一个或更多的垂直于底面的侧壁面（这个面平行于铣床主轴），但需注意考虑侧壁形状和精度问题。

4）键槽铣刀。

键槽铣刀（如图 5-2-8 所示）有两个刃齿，圆柱面上的切削刃是主切削刃，端面上的的切削刃是副刀刃。可以轴向进给向毛坯钻孔，然后沿键槽方向铣出键槽全长。重磨时只磨端刃。

键槽铣刀可以加工平键槽、半圆键槽等。

键槽铣刀还分为锥柄键槽铣刀、直柄键槽铣刀以及半圆键槽铣刀。其中锥柄键槽铣刀和直柄键槽铣刀均用于铣削平键槽，半圆键槽铣刀用于铣削半圆键槽。

图 5-2-8 键槽铣刀

键槽铣刀与立铣刀的区别：

（1）用途不一样。立铣刀用于加工平面或圆柱面，其外径尺寸相对宽松，而键槽铣刀主要用于加工键槽与槽，不能加工平面，其外径大小直接影响键槽与键槽的匹配质量，因此公差更严格。

（2）刀齿个数不一样。立铣刀一般具有三个以上的刀齿，键槽铣刀一般为两个刀齿。

（3）刃带的差异。立铣刀为了提高工作效率，有多条刃带，直径越大刃带越多；键槽铣刀一般有 2 条刃带，主要是为了能像钻头一样，进行轴向进给。

（4）进刀不一样。立铣刀不能轴向直入进刀，必须在径向移动时才能同时轴向进刀；键槽铣刀可以轴向直入进刀，相当于钻头，可以钻出平底孔。另外，键槽铣刀的切削量要比立铣刀大。

5）加工特形槽用的铣刀。

（1）角度铣刀，是为了铣出一定成型角度的平面，或加工相应角度的槽的铣刀。

角度铣刀一般可以分为两种：双角铣刀和单角铣刀（如图 5-2-9 所示）。

尺寸规格：外径 60~160mm，孔径 16~32mm。

角度：

单角铣刀：18°~90°，厚度 6~35mm。

双角铣刀：30°~120°，厚度：10~45mm。

开齿方式：铣齿，磨齿。铣刀材料：锻打 M2（6542）、W18 等高性能高速钢。

用途：主要用于加工各种角度，或用于加工沟槽、角度槽。

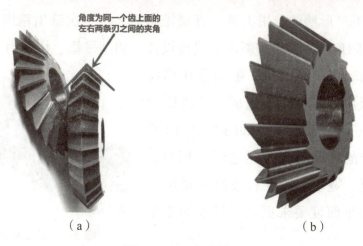

图 5-2-9 角度铣刀

(a) 双角铣刀；(b) 单角铣刀

槽角小于或等于 90°的 V 形槽，可以采用与槽角角度相同的对称双角铣刀，在卧式铣床上直接进行铣削，如图 5-2-10（a）所示，或组合两把刃口相反、规格相同、轮廓角等于 V 形槽半角的单角铣刀（铣刀之间应垫垫圈或铜皮）进行铣削。铣削时，先用锯片铣刀铣出窄槽，再用角度铣刀对 V 形槽面进行铣削，如图 5-2-10（b）所示。

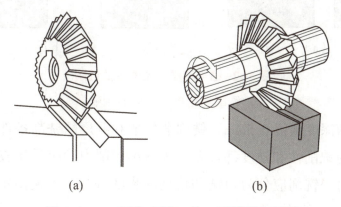

图 5-2-10 用角度铣刀对 V 形槽进行铣削

(a) 双角铣刀直接铣 V 形槽；(b) 先铣出窄槽，再用两把单角铣刀组合铣 V 形槽

（2）T 形槽铣刀，可以分为锥柄 T 形槽铣刀和直柄 T 形槽铣刀，如图 5-2-11 所示。用于加工各种机械台面或其他构件上的 T 形槽。

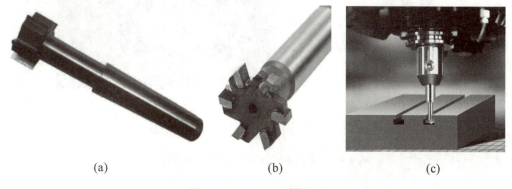

图 5-2-11 T 形槽铣刀

(a) 锥柄 T 形槽铣刀；(b) 直柄 T 形槽铣刀；(c) 铣削 T 形槽

T形槽铣刀是加工T形槽的专用工具,直槽铣出后,可一次铣出精度达到要求的T形槽,铣刀端刃有合适的切削角度,刀齿按斜齿、错齿设计,切削平稳、切削力小。

(3) 燕尾形铣刀。燕尾形结构一般由燕尾形铣刀完成,该结构由燕尾槽和燕尾块组成,是机床导轨与运动副间常用的一种结构形式,如图5-2-12所示。由于燕尾结构中的燕尾槽和燕尾之间有相对的直线运动,对其角度、宽度、深度有较高的精度要求。尤其对其斜面的平面度要求更高,且表面粗糙度要求 Ra 值要小。

图 5-2-12　机床导轨燕尾结构

燕尾槽和燕尾的铣削都分成两个步骤,先铣出直角槽或台阶,再铣出燕尾槽或燕尾,如图5-2-13所示。

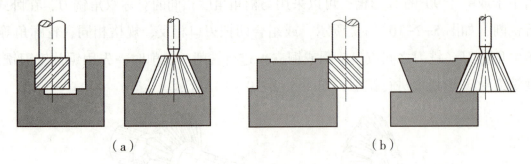

图 5-2-13　燕尾槽及燕尾的铣削

(a) 铣削燕尾槽；(b) 铣削燕尾

铣削直角槽时,槽深度预留0.5mm。铣削燕尾槽和燕尾的铣削条件与铣削T形槽时大致相同,但铣刀刀尖处的铣削性和强度都很差。为减小切削力,应采用较低的切削速度和进给速度,并及时退刀排屑。铣削应分为粗铣和精铣两步骤进行。若铣削钢件,还应充分浇注切削液,如图5-2-14 (b) 所示。

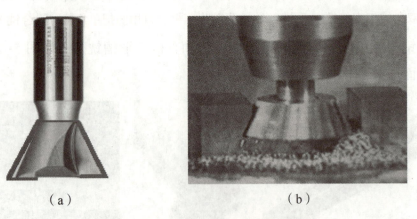

图 5-2-14　用燕尾形铣刀铣削燕尾槽

(a) 燕尾形铣刀；(b) 铣削燕尾槽

（二）按齿背形式，分为尖齿铣刀和铲齿铣刀

1. 尖齿铣刀

尖齿铣刀包括：面铣刀、立铣刀、键槽铣刀、槽铣刀和锯片铣刀、专用槽铣刀、角度铣刀、模具铣刀、成组铣刀等。这种铣刀容易制造，因此应用也很广。铣刀的刀齿用钝以后是在工具磨床上用砂轮磨刀齿的后刀面，前刀面不需刃磨。如图5-2-15所示。

图5-2-15 尖齿铣刀

2. 铲齿铣刀

铲齿铣刀包括圆盘槽铣刀、凸半圆铣刀、凹半圆铣刀、双角度铣刀、成形铣刀等。这种铣刀的后刀面为曲面。后刀面是在铲齿车床上做出来的。用钝以后只需磨前刀面，而不需磨后刀面。这种铣刀的特点就是在磨前刀面时不影响刀齿的形状，如图5-2-16所示。

三、铣刀选择

1. 铣刀直径的选择

铣刀直径的选用视产品及生产批量的不同而差异较大，刀具直径的选用主要取决于设备的规格和工件的加工尺寸。

1）面铣刀。

面铣刀主要用于铣平面（如图5-2-17所示）。其端面（与刀杆垂直）和外圆都有切削刃，外圆的切削刃是主切削刃，端面的切削刃起着和刮刀一样的作用。

图5-2-16 铲齿铣刀

图5-2-17 面铣刀铣平面

标准可转位面铣刀直径规格为 $\phi 50 \sim \phi 630$ mm。铣刀的直径应根据铣削宽度、深度选择，一般铣削深度、宽度越大，铣刀直径也应越大。选择平面铣刀直径时还需考虑刀具所需功率应在机床功率范围之内。粗铣时，铣床铣刀直径要小些；精铣时，铣刀直径要大些，尽量包容工件整个加工宽度，减小相邻两次进给之间的接刀痕迹。在对大型零件进行面铣加工时，都是使用直径较小的铣刀，这就为提高生产率留下了很大余地。在理想情况下，铣刀应有70%的切削刃参与切削。

铣刀的直径也可将机床主轴直径作为选取的依据。平面铣刀直径可按 $D = 1.5d$（d 为主轴

直径）选取。在批量生产时，也可按工件切削宽度的 1.6 倍选择刀具直径。

用铣刀铣孔时，刀具尺寸变得尤为重要。如果相对于孔径而言，铣刀的直径太小，则加工时可能会在孔的中心形成一个料芯（如图 5-2-18 所示）。当该料芯落下时，可能会损坏工件或刀具。如果铣刀直径过大，则会损坏刀具本身和工件，因为铣刀不在中心切削，可能会在刀具底部发生碰撞（如图 5-2-19 所示）。

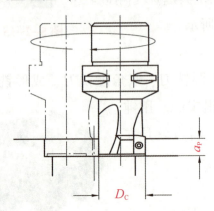

图 5-2-18　铣刀直径过小

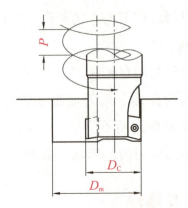

图 5-2-19　铣刀直径过大

2）立铣刀和槽铣刀。

立铣刀和槽铣刀直径的选择主要应考虑工件加工尺寸的要求，并保证刀具所需功率在机床额定功率范围以内。如系小直径立铣刀，则应主要考虑机床的最高转速能否达到刀具的最低切削速度（60m/min）。

2. 铣刀刀片的选择

对于精铣，最好选用磨制刀片。这种刀片具有较好的尺寸精度，所以刀刃在铣削中的定位精度较高，可得到较好的加工精度及表面粗糙度要求。另外，精加工所用的磨制铣刀片发展趋势是磨出卷屑槽，形成大的正前角切削刃，允许刀片在小进给、小切深上切削。而没有尖锐前角的硬质合金刀片，当采用小进给、小切深加工时，刀尖会摩擦工件，刀具寿命短。

在有些加工场合选用压制刀片比较合适，如粗加工最好选用压制的刀片，可使加工成本降低。压制刀片的尺寸精度及刃口锋利程度比磨制刀片差，但是压制刀片的刃口强度较好，粗加工时耐冲击并能承受较大的切深和进给量。压制的刀片有时前刀面上有卷屑槽，可减小切削力，同时还可减小与工件、切屑的摩擦，降低功率需求。但是压制刀片的表面不像磨制刀片那么紧密，尺寸精度较差，在铣刀刀体上各刀尖高度相差较多。由于压制刀片便宜，所以在生产上得到广泛应用。

磨过的大前角刀片，可以用来铣削黏性的材料（如不锈钢）。通过锋利刀刃的剪切作用，减少了刀片与工件材料之间的摩擦，并且切屑能较快地从刀片前面离开。

作为另一种组合，可以将压制刀片装在大多数铣刀的刀片座内，再配置一磨制的刮光刀片。刮光刀片清除粗加工刀痕，比只用压制刀片能得到较好的表面粗糙度要求。而且应用刮光刀片可减小循环时间、降低成本。刮光技术是一种先进工艺，已在车削、切槽切断及钻削加工领域广泛应用。

3. 铣刀刀体（粗齿、细齿）的选择

有些铣刀刀体价格较为昂贵，如一把直径为 100mm 的进口面铣刀刀体价格可能要超过 600 美元，所以选择刀体应根据具体加工需要慎重选择。

1）首先，在选择一把铣刀时，要考虑它的齿数。例如直径为 100mm 的粗齿铣刀只有 6 个齿，而直径为 100mm 的密齿铣刀却可以有 8 个齿。齿距的大小将决定铣削时同时参与切削的刀齿数目，影响到切削的平稳性和对机床功率的要求。每个铣刀生产厂家都有它自己的粗齿、密齿铣刀系列。

2）粗齿铣刀多用于粗加工，因为它有较大的容屑槽。如果容屑槽不够大，将会造成卷屑困难或切屑与刀体、工件摩擦加剧。在同样进给速度下，粗齿铣刀每齿切削负荷较密齿铣刀要大。

3）精铣时切削深度较浅，一般为 0.25～0.64mm，每齿的切削负荷小（约 0.05～0.15mm），所需功率不大，可以选择密齿铣刀，而且可以选用较大的进给量。由于精铣中金属切除率有限，密齿铣刀容屑槽小些也无妨。

4）对于锥孔规格较大、刚性较好的主轴，也可以用密齿铣刀进行粗铣。由于密齿铣刀同时有较多的齿参与切削，当用较大切削深度（1.27～5mm）时，要注意机床功率和刚性是否足够，铣刀容屑槽是否够大。排屑情况需要试验验证，如果排屑有问题，应及时调整切削用量。

5）在进行重负荷粗铣时，过大的切削力可使刚性较差的机床产生振颤。这种振颤会导致硬质合金刀片的崩刃，从而缩短刀具寿命。选用粗齿铣刀可以降低对机床功率的要求。所以，当主轴孔规格较小时，可以用粗齿铣刀有效地进行铣削加工。

4. 铣刀旋向的选择

立铣刀根据旋向可分为左旋和右旋两大类。判定刀具是左旋还是右旋可以依据以下方法：将立铣刀竖直放置，面向立铣刀看，螺旋刃槽如果是从左下方往右上方上升，这就是右旋；反之，螺旋刃槽如果是从右下方往左上方上升，这就是左旋。旋向也可用左右手判断，即握拳伸出大拇指，刃槽上升方向跟右手拇指一致就是右旋，反之就是左旋。

在整个制造业中，通常加工所用刀具都是用右旋刀具，对于铣刀来说，刀身的沟槽决定了铣削时切下的碎屑排出方向。

如果做精密零部件，如手机按键加工、薄膜开关面板、液晶面板、亚克力镜片等精加工，建议用左旋刀具，左旋刀具加工精密类特殊要求工件有一定优势。

四、铣刀的几何参数

铣刀的种类、形状虽多，但都可以归纳为圆柱铣刀和面铣刀两种基本形式，每个刀齿可以看作是一把简单的车刀，所不同的是铣刀回转、刀齿较多。因此只通过对一个刀齿的分析，

就可以了解整个铣刀的几何角度。

1. 铣刀的标注角度参考系

与车刀相似，由坐标平面和测量平面组成，其基本坐标平面有基面和切削平面。其中基面是通过切削刃选定点并包含铣刀轴线的平面，并假定与主运动方向垂直。切削平面是通过切削刃选定点的圆柱切平面。测量平面有端剖面、法剖面（螺旋齿铣刀有法剖面），如图5-2-20所示。

2. 铣刀的几何角度

1) 圆柱铣刀的几何角度。

前角和后角都标注在端剖面上（如图5-2-20所示）。若是螺旋齿，还要标注螺旋角β、法剖面前角γ_n和法后角α_n三个参数。前角γ_o和法向前角γ_n两者的关系为：

$$\tan\gamma_n = \tan\gamma_o \cos\beta$$

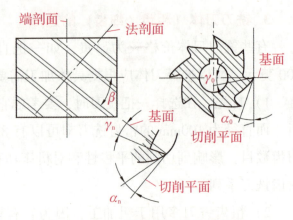

图5-2-20 圆柱铣刀的几何角度

主偏角为切削刃与切削平面的夹角。主偏角对径向切削力和切削深度影响很大。径向切削力的大小直接影响切削功率和刀具的抗振性能。铣刀的主偏角越小，其径向切削力越小，抗振性也越好，但切削深度也随之减小。圆柱铣刀的主偏角为90°，无副偏角。

2) 面铣刀的几何角度。

面铣刀的一个刀齿，相当于一把小车刀，其几何角度基本与外圆车刀相类似，所不同的是铣刀每齿基面只有一个，即以刀尖和铣刀轴线共同确定的平面为基面。因此面铣刀每个刀齿都有前角、后角、主偏角和刃倾角四个基本角度，如图5-2-21所示。

在设计、制造、刃磨时，还需要进给、切深剖面系中的有关角度，如图5-2-21中的γ_f、α_f。

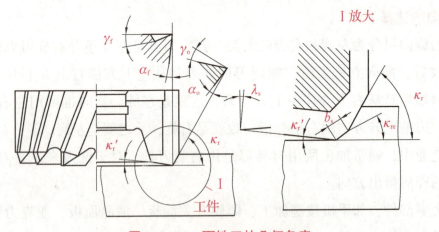

图5-2-21 面铣刀的几何角度

五、铣刀几何角度的选择

1. 前角的选择

前角根据刀具和工件的材料确定。一般高速钢刀具比硬质合金刀具要大；铣削塑性材料选较大前角；铣削脆性材料选较小前角；高强度、高硬度，选择负前角。具体数值可参考表5-2-1。

表 5-2-1　高速钢铣刀与硬质合金铣刀前角

工件材料 σ_b/MPa		高速钢铣刀	硬质合金铣刀
钢材	<600	20°	15°
	600~1 000	15°	-5°
	>1 000	12°~10°	-（10°~15°）
铸铁		5°~15°	-5°~5°

2. 后角的选择

在铣削过程中，铣刀的磨损主要发生在后刀面上，采用较大的后角可以减少磨损；当采用较大的负前角时，可适当增加后角。具体数值可参考表5-2-2。

表 5-2-2　高速钢铣刀与硬质合金铣刀后角

铣刀的类型		后角值
高速钢铣刀	粗齿	12°
	细齿	16°
高速钢锯片铣刀	粗、细齿	20°
硬质合金铣刀	粗齿	6°~8°
	细齿	12°~15°

3. 刃倾角的选择

立铣刀和圆柱铣刀的外圆螺旋角 β 就是刃倾角 λ_s。螺旋角 β 增大，实际前角也增大，切削刃锋利，切屑易于排出。铣削宽度较窄的铣刀，增大 β 的意义不大，故一般取 $\beta=0$ 或较小的值。具体数值参考表5-2-3。

表 5-2-3　不同铣刀的螺旋角

铣刀类型	螺旋齿圆柱铣刀		立铣刀	三面刃、两面刃铣刀
	粗齿	细齿		
螺旋角	45°~60°	25°~30°	30°~45°	15°~20°

4. 主偏角与副偏角的选择

常用的主偏角有45°、60°、75°、90°。工艺系统的刚性好，主偏角取小值；反之，主偏角取大值。副偏角一般为5°~10°。

圆柱铣刀只有主切削刃，没有副切削刃，因此没有副偏角。主偏角为90°。

六、铣削方式的选择

(一) 顺铣和逆铣

1. 顺铣和逆铣的判定

顺铣与逆铣是针对铣刀旋转方向与进给方向而言的,当铣刀与工件接触部分的旋转方向与切削进给方向相同时,即为顺铣,如图5-2-22(a)所示。当铣刀与工件接触部分的旋转方向与切削进给方向相反时,即为逆铣,如图5-2-22(b)所示。

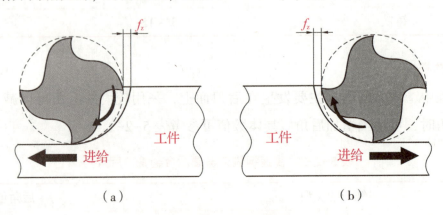

图 5-2-22 顺铣和逆铣
(a) 顺铣;(b) 逆铣

2. 顺铣与逆铣的区别与选用

1) 顺铣的功率消耗要比逆铣时小,在同等切削条件下,顺铣功率消耗比逆铣低5%~15%,铣刀耐用度比逆铣时提高2~3倍,同时顺铣更有利于排屑,表面粗糙度低。

2) 顺铣时,切削厚度由厚变薄,刀具使用寿命高。刀齿从未加工表面切入,刀刃与工件相互挤压,滑行摩擦力小,可减小刀齿磨损、表面硬化和表面粗糙度。顺铣已加工表面质量好,产生垂直向下的铣削分力,有助于工件的定位夹紧,但不可铣带硬皮的工件,当工作台进给丝杠螺母机构有间隙时,工作台可能会窜动。

逆铣时,切削厚度由薄变厚,刀具使用寿命低。刀片切入时产生强烈的摩擦,会产生大量的热量,使加工表面硬化,降低刀具的耐用度。逆铣已加工表面质量差,产生垂直向上的铣削分力,有挑起工件破坏定位的趋势,但可铣带硬皮的工件,当工作台进给丝杠螺母机构有间隙时,工作台也不会窜动。

3) 采用顺铣加工,工件处于受压状态,加工表面粗糙度好;采用逆铣加工,工件是处于受拉状态,容易出现过切现象。

4) 顺铣加工有让刀趋势,逆铣加工有深啃趋势,如内部有拐角最好采用顺铣。

5) 加工一些软材料,如紫铜,最好用逆铣,表面粗糙度会比顺铣好得多。

3. 注意事项

1) 正确选择适合加工工序的铣刀齿距,确保没有过多的刀片参与切削,否则会引起振动。

2) 对于窄工件或有空隙铣削时，确保有充足的刀片参与切削。

3) 尽可能使用正前角槽型可转位刀片，确保平稳切削和最低功耗。

（二）直接切入法和滚动切入法

1. 直接切入法

在对平面进行铣削加工时，必须首先考虑刀具切入工件的方式。通常，铣刀都是简单地直接切入工件（如图 5-2-23 所示）。这种切入方式通常会伴随很大的冲击噪声，这是因为当刀片退出切削时，铣削产生的切屑最厚所导致。由于刀片对工件材料形成很大的冲击，往往会引起振动，并产生会缩短刀具寿命的拉应力。

2. 滚动切入法

滚动切入法是一种更好的进刀方式，即在不降低进给率和切削速度的情况下，铣刀滚动切入工件（如图 5-2-24 所示）。这就要求铣刀必须顺时针旋转，确保其以顺铣方式进行加工。这样形成的切屑由厚到薄，从而可以减小振动和作用于刀具的拉应力，并将更多切削热传入切屑中。通过改变铣刀每次切入工件的方式，可提高刀具的耐用度。

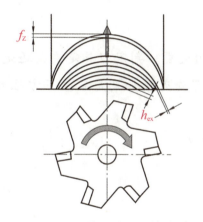

图 5-2-23 铣刀直接切入工件

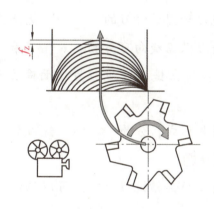

图 5-2-24 铣刀滚动切入工件

虽然滚动切入法主要用于改进刀具切入工件的方式，但相同的加工原理也可应用于铣削的其他阶段。对于大面积的平面铣削加工，常用方式是让刀具沿工件的全长逐次走刀铣削（如图 5-2-25 所示），并在相反方向上完成下一次切削。为了保持恒定的径向切削深度，消除振动，采用螺旋下刀和滚动铣削工件转角相结合的走刀方式通常效果更好。

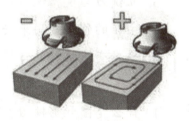

图 5-2-25 大平面铣削方式

另外，铣削加工时，当刀具切入工件时，或刀具在切削状态下进行 90°急剧转向时，常伴随噪声，滚动铣削工件转角可以消除这种噪声和延长刀具寿命。一般来说，工件的转角半径应为铣刀直径的 75%~100%，这样可以缩短铣刀切入工件的弧长，减小加工振动，并允许采用更高的进给率。

3. 注意事项

为了延长刀具寿命，在面铣削加工中，如果工件上有孔或中断部位，应尽量避免刀具从工件上的孔或中断部位通过。当面铣刀从工件上一个孔的中间通过时，刀具在孔的一侧是顺铣，而在孔的另一侧是逆铣，这样会对刀片造成很大冲击。加工时要使刀具路径绕过孔和凹腔，就可以避免发生这种情况。

任务练习

一、填空题

1. 常用的刀具材料有：_____、_____。_____耐磨性、热硬性相对来说较差，热硬性_____℃左右，硬度_____HRC左右，很明显当用高速钢铣较硬材料的时候，如果冷却液浇注不充分，很容易烧刀，这是热硬性不高的原因之一。_____铣刀一般在普通铣床用。
2. _____铣刀热硬性好，耐磨，但抗冲击性能差，刀刃受到碰撞容易碎。硬质合金是用_____的方法制成的材料，硬度可达_____HRA左右，热硬性可达_____℃。硬质合金铣刀一般在_____用。
3. 立铣刀和圆柱铣刀的_____就是刃倾角 λ_s。
4. 立铣刀根据旋向可分为_____和_____两大类。判定刀具是左旋还是右旋可以依据以下方法：将立铣刀竖直放置，面向立铣刀看，螺旋刃槽如果是从左下方往右上方上升，这就是_____。
5. 按齿背形式，分为_____铣刀和_____铣刀。

二、判断题

1. 立铣刀与键槽铣刀一样，可以轴向直入进刀。（   ）
2. 铣削平面，可以选用圆柱形铣刀，也可以选用端铣刀。（   ）
3. 立铣刀与键槽铣刀刀齿数是一样的。（   ）
4. 主轴的作用是用来安装刀杆并带动铣刀旋转。（   ）
5. 主轴变速机构的作用是将主电动机的固定转速通过齿轮变速。（   ）

三、简答题

1. 什么是圆柱形铣刀？用于什么场合？
2. 键槽铣刀与立铣刀的区别有哪些？

任务拓展

阅读材料——常用刀具材料

刀具材料分为：工具钢（包括碳素工具钢、合金工具钢、高速钢），硬质合金，超硬刀具材料（包括陶瓷，金刚石及立方氮化硼等）。

1. 高速钢

高速钢特别适用于制造结构复杂的成形刀具、孔加工刀具，例如各类铣刀、拉刀、齿轮刀具、螺纹刀具等。

由于高速钢硬度，耐磨性，耐热性不及硬质合金，因此只适于制造中、低速切削的各种刀具。

高速钢按其性能分成两大类：普通高速钢和高性能高速钢。

2. 硬质合金

硬质合金大量应用在刚性好，刃形简单的高速切削刀具上，随着技术的进步，复杂刀具也在逐步扩大其应用。

钨钴类硬质合金是由WC和Co烧结而成，代号为YG，一般适用于加工铸铁和有色金属等脆性材料。钨钛钴类硬质合金是以WC为基体，添加TiC，用Co作黏结剂烧结而成，代号为YT，一般适用于高速加工钢料。添加钽（铌）类硬质合金是在以上两种硬度合金中添加少量其他碳化物（如TaC或NbC）而派生出的一类硬质合金，代号为YW，既适用加工脆性材料，又适用于加工塑性材料，常用牌号YW1、YW2。

3. 涂层刀具材料

硬质合金或高速钢刀具通过化学或物理方法在其上表面涂覆一层耐磨性好的难熔金属化合物，既能提高刀具材料的耐磨性，而又不降低其韧性。

对刀具表面涂覆的方法有两种：

1）化学气相沉积法（CVD法），适用于硬质合金刀具；

2）物理气相沉积法（PVD法），适用于高速钢刀具。

涂层材料可分为TiC涂层、TiN涂层、TiC与TiN涂层、Al_2O_3涂层等。

4. 其他刀具材料

1）陶瓷刀具：是以氧化铝（Al_2O_3）或以氮化硅（Si_3N_4）为基体，再添加少量金属，在高温下烧结而成的一种刀具材料。

一般适用于高速下精细加工硬材料。一些新型复合陶瓷刀也可用于半精加工或粗加工难加工的材料或间断切削。陶瓷材料被认为是提高生产率的最有希望的刀具材料之一。

2）人造金刚石：它是碳的同素异形体，是目前最硬的刀具材料，显微硬度达10 000HV。

它有极高的硬度和耐磨性，与金属摩擦系数很小，切削刃极锋利，能切下极薄切屑，有很好的导热性，较低的热膨胀系数，但它的耐热温度较低，在700℃~800℃时易脱碳，失去硬度，抗弯强度低，对振动敏感，与铁有很强的化学亲和力，不宜加工钢材，主要用于有色金属及非金属的精加工，超精加工以及作磨具、磨料用。

3）立方氮化硼：是由立方氮化硼（白石墨）在高温高压下转化而成的，其硬度仅次于金刚石，耐热温度可达1 400℃，有很高的化学稳定性，较好的可磨性，抗弯强度与韧性略低于硬质合金。一般用于高硬度，难加工材料的半精加工和精加工。

任务三　铣削典型零件

普通铣床可以铣削平面、台阶、沟槽等。如箱壳类、叉架类、花键轴及阶梯轴上的键槽等零件需在铣床上完成，也有的零件是从工艺角度和机床种类的完备性考虑，出于安全便捷因素或受到机床种类的限制才安排到铣床上加工的。

不论是加工哪一类零件，也不论是出于何种因素，对待每一个零件，都需要有严谨细致、苦下功夫的态度。只有勤学苦练，才能培养出敬业、专注、创新的工匠精神。

任务目标

掌握铣削相关的工艺知识及方法；
能根据零件特点正确选择刀具，合理选用切削参数及装夹方式；
掌握零件加工方法及精度控制方法；
培养敬业、专注、创新的工匠精神。

任务描述

本任务主要以铣床加工典型零件为例，通过零件平面铣削（如图5-3-1所示）、沟槽铣削（如图5-3-2所示）等，讲述普通铣床零件加工方法，任务重点是刀具选择、工件装夹、加工工艺安排，通过铣削方法的确定和操作步骤的安排，来完成整个零件的加工。

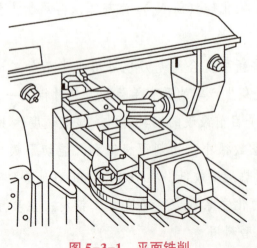

图5-3-1　平面铣削

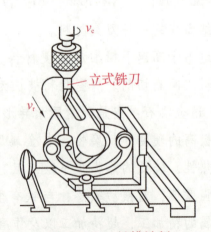

图5-3-2　键槽铣削

知识链接

一、平面铣削

平面铣削是铣削加工中最基本的加工内容，在实际生产中应用相当广泛，如长方体垫块、带锯床上抬料油缸底座等，均要进行平面铣削，如图5-3-3所示。

图 5-3-3 平面铣削的零件

（a）长方体垫块；（b）带锯床上抬料油缸底座

按照平面与机床工作台的相对位置关系，平面铣削可分为平行面、垂直面、斜面及台阶面的加工，如图5-3-4所示。针对平面铣削的技术要求主要是平面度和表面粗糙度要求，对某些零件上的平面，可能还有其他物理性能等方面的要求。

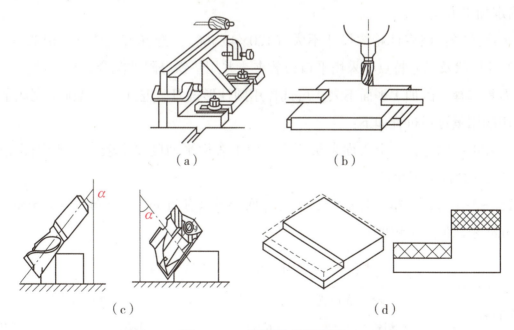

图 5-3-4 平面铣削的类型

（a）铣平行面；（b）铣垂直面；（c）铣斜面；（d）铣台阶面

【案例 1】 平行面铣削：长方体垫块铣削加工

1. 任务布置

长方体垫块常用在装夹工件时支撑、调整工件。使用铣床加工长方体垫块的上表面（其余表面已加工），如图 5-3-5 所示，工件材料是 Q235 钢。单件生产。其毛坯尺寸 120mm×45mm×62mm。通过分析图样，根据工件材料的加工特性选择加工机床和加工工具、夹具，确定加工参数，设计加工工艺卡，按工艺卡实施加工和检验。经过上表面加工后的垫块尺寸为 120mm×45mm×60mm，上平面的平面度公差为 0.05mm，表面粗糙度要求 $Ra3.2$。

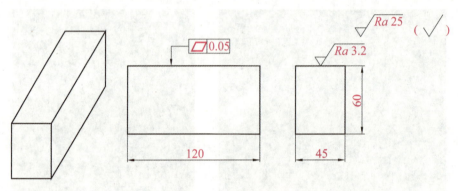

图 5-3-5 长方体垫块

2. 任务分析

完成此工作任务，大致按如下六步完成：

1）分析零件图，明确加工内容。

如图 5-3-5 所示零件为长方体垫块，毛坯待加工表面余量为 2mm，工件上表面有平面度要求，表面粗糙度要求不高，安排在普通铣床加工。

2）确定加工方案。

（1）机床选择：该零件轮廓尺寸不大（120×45×60），选择普通铣床 X6132 完成本次任务。根据工件形状及尺寸特点，采用平口钳装夹，并用垫铁等附件配合装夹工件。

（2）刀具选择：因加工平面不大，可选择用圆柱形铣刀，进行一次铣削来完成平面加工。

（3）切削用量选择过程如下：

● 铣削深度 a_p 的选择：上表面余量不大，但上表面平面度要求较高，使用高速钢铣刀分粗铣、精铣去除全部加工余量。

参考表 5-3-1 可得，粗铣时 $a_p<5$，因上表面余量只有 2mm，故选择 $a_p=1.5$mm；精铣时，取 $a_p=0.5$mm 来保证加工精度。

表 5-3-1 圆柱形铣刀铣削深度参考表　　　　　　　　　　　　　　　　　　　mm

工件材料	高速钢铣刀		硬质合金铣刀	
	粗铣	精铣	粗铣	精铣
铸铁	5~7	0.5~1	10~18	1~2
软钢	<5	0.5~1	<12	1~2

续表

工件材料	高速钢铣刀		硬质合金铣刀	
	粗铣	精铣	粗铣	精铣
中硬钢	<4	0.5~1	<7	1~2
硬钢	<3	0.5~1	<4	1~2

● 铣削速度 v_c 的确定。参考表 5-3-2 得，$v_c=21\sim40$，刀具直径取 60 mm（参考表 5-3-3 选取），根据公式计算出主轴转速 n 值。

$$n = 1\,000v_c/\pi d = 1\,000V_c/\pi d = 112\sim212 \text{ (r/min)}$$

其中，粗加工时取较小的值，精加工时取较大的值。

表 5-3-2　铣削速度推荐值　　　　　　　　　　　　　　　　　　　　　　　m/min

工件材料	硬度 HBW	铣削速度 v_c	
		硬质合金铣刀	高速钢铣刀
低、中碳钢	<220 225~290 300~425	80~150 60~115 40~75	21~40 15~36 9~20
高碳钢	<220 225~325 325~375 375~425	60~130 53~105 36~48 35~45	18~36 14~24 9~12 9~10
灰铸铁	100~140 150~225 230~290 300~320	110~115 60~110 45~90 21~30	24~36 15~21 9~18 5~10
铝镁合金	95~100	360~600	180~300

表 5-3-3　圆柱铣刀、端铣刀直径选择　　　　　　　　　　　　　　　　　　　　mm

名称	高速钢圆柱铣刀			硬质合金端铣刀					
铣削深度 a_p	≤5	~8	~10	≤4	~5	~6	~7	~8	~10
铣削宽度 a_c	≤70	~90	~100	≤60	~90	~120	~180	~260	~350
铣刀直径 d_0	≤80	80~100	100~125	≤80	100~125	160~200	200~250	320~400	400~500

● 进给速度 f 的确定：铣刀的进给速度大小直接影响工件的表面质量及加工效率，因此进给速度选择的合理与否非常关键。一般来说，粗加工时，每齿进给量应尽量取得大些；半精加工和精加工时，为了提高已加工表面的质量，一般应选取较小的每齿进给量。每齿进给量推荐值如表 5-3-4 所示。

表 5-3-4　每齿进给量 f_z 推荐值　　　　　　　　　　　　　　　　　　　mm

工件材料	工件材料硬度 HBW	硬质合金		高速钢			
		端铣刀	三面刃铣刀	圆柱形铣刀	立铣刀	端铣刀	三面刃铣刀
低碳钢	<150	0.20~0.40	0.15~0.30	0.12~0.20	0.04~0.20	0.15~0.30	0.12~0.20
	150~200	0.20~0.35	0.12~0.25	0.12~0.20	0.03~0.18	0.15~0.30	0.10~0.15
中、高碳钢	120~180	0.15~0.50	0.15~0.30	0.12~0.20	0.05~0.20	0.15~0.30	0.12~0.20
	180~220	0.15~0.40	0.12~0.25	0.12~0.20	0.04~0.20	0.15~0.25	0.07~0.15
	220~300	0.12~0.25	0.07~0.20	0.07~0.15	0.03~0.15	0.10~0.20	0.05~0.12
灰铸铁	150~180	0.20~0.50	0.12~0.30	0.20~0.30	0.07~0.18	0.20~0.35	0.15~0.25
	180~200	0.20~0.40	0.12~0.25	0.15~0.25	0.05~0.15	0.15~0.30	0.12~0.20
	200~300	0.15~0.30	0.10~0.20	0.10~0.20	0.03~0.10	0.10~0.15	0.07~0.12

3) 制订加工过程文件。

本次加工任务的工序卡内容见表 5-3-5。

表 5-3-5　长方形垫块上表面铣削工序卡

×× 厂	工序卡片	产品名称及型号	零件名称	图号	工序名称	工序号	共　页
			长方形垫块				第　页
(工序简图)			车间	工段	材料名称	材料牌号	力学性能
			同时加工件数	技术等级		单件时间 /min	准备结束时间 /min
			设备名称	设备编号	夹具名称	夹具编号	切削液
			X6132				
			更改内容				

装夹号	工步号	装夹和工步内容	切削工具名称及编号	量具名称及编号	辅助工具名称及编号
1	1	粗铣上平面	圆柱形铣刀	游标卡尺	
	2	精铣上平面	圆柱形铣刀	千分尺、标准平板	
编制			校对	审核	会签

3. 加工及检测零件

1) 开机前准备：

(1) 检查机床各油箱油量是否充足，各项指标是否达到工作要求。

（2）检查摩擦部位是不是润滑充分。

2）加工前准备：

（1）依照顺序打开总电源、机床电源。

（2）将铣床慢速旋转 1~3 min，检查有无异常响动。

（3）正确安装并夹紧刀具。

（4）工量具准备：铣刀、游标卡尺、深度千分尺及相关检测工具的领取或借用。

3）安装工件及刀具：

（1）清理工作台、夹具、工件，并正确装夹工件，确保工件定位夹紧稳固可靠。

（2）通过手动方式将刀具装入主轴中。

4）对刀、加工、检测：

（1）将工件进行对刀、加工，加工时，应保持冷却充分和排屑顺利。

（2）用量具直接在工作台上检测工件相关尺寸，根据测量结果调整机床，再次进行零件平面铣削，如此反复，最终将零件尺寸控制在规定的公差范围内。

5）加工后处理：

（1）在确保零件加工完成及各尺寸在公差范围内之后，取出工件并去除毛刺。

（2）清扫机床，擦净刀具、量具等用具，并按规定摆放整齐。

（3）严格按机床操作规程关闭机床。

6）验收零件。检验者结合零件图要求，用量具检查加工部位尺寸、平面度、表面粗糙度要求。

7）评价完成情况。加工者与检验者共同评价本次加工任务的完成情况。

4. 平面的检测

1）表面粗糙度要求的检测。

对于要求不高的工件，可用千分尺或游标卡尺测量工件的四角及中部，观察各部分尺寸的差值，这个差值就是平行度误差。如果所有尺寸的差值都在图样要求的范围内，测该工件的平行度。

2）平面度的检测。

铣削出的平面应符合图样规定的平面度要求，因此，平面铣削好后，一般都用刀口尺通过透光法进行检验。对于平面度要求较高的平面，则可用标准平板来检测，检测时在标准平板上涂上红丹粉，再将工件上的平面放在标准平板上进行对研，对研后取下工件，观察工件平面的着色情况，若着色均匀细密，则表示平面的平面度较好。或者用百分表检验其平行度，如图 5-3-6 所示。把工件放在百分表下面，调整百分表的高度，使百分表的测量头与工件平面接触，将百分表的长指针指向表盘的零位，使工件紧贴表座台面移动，根据百分表读数的变化便可测出工件的平行度误差。

图 5-3-6 平面度的检测

5. 质量分析

1）平行面铣削时的质量分析见表 5-3-6 平行面铣削时的质量分析。

表 5-3-6　平行面铣削时质量分析

不符合要求项目	产生原因	解决措施
工件尺寸	1. 看错图样尺寸。 2. 测量误差。 3. 进给手柄摇过头后直接退回刻度。 4. 工件和垫铁没擦净，尺寸变小。 5. 精铣时对刀切痕太深	1. 仔细读图，看清要求。 2. 认真测量，认真读数。 3. 进给手柄摇过头后及时消除丝杠螺母间隙，再次进给至所需刻度。 4. 擦净工件与垫铁表面，用铜锤轻击工件上表面，并试移动垫铁，当其不松动时再夹紧工件。 5. 认真操作垂直上升手柄，注意对刀
平行度	1. 固定钳口与工作台台面不垂直。 2. 铣削各侧面时，钳口没校正好。 3. 工件和垫铁没擦净，垫铁上有杂物。 4. 垫铁不平行	1. 校正固定钳口，使之与工作台台面垂直。 2. 安装好平口钳，并校正好钳口位置。 3. 擦净工件与垫铁表面，使工件与垫铁贴合良好。 4. 选用合适的平行垫铁

2）铣削时的注意事项：

（1）及时用锉刀修整工件的毛刺与锐边；

（2）铣削时可采用粗铣后精铣的方法来提高表面加工质量；

（3）用铜锤敲击工件表面，不能用力过猛，要轻敲，以防砸伤已加工表面；

（4）铣削钢件应及时浇注切削液。

二、台阶铣削

有些零件带有台阶结构（如图 5-3-7 所示）。在铣床上铣削台阶，也是铣床的重要加工内容。

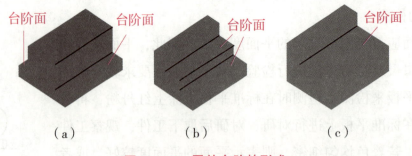

图 5-3-7　零件台阶的形式

(a) 对称台阶面；(b) 单侧多台阶；(c) 单侧单台阶

台阶面铣削时，刀具、切削用量选择等方面与平行面铣削基本相同，但由于台阶面铣削除了要保证其底面精度之外，还应控制侧面精度，如侧面的平面度、侧面与底面的垂直度等，因此，在铣削台阶面时，刀具进给路线的设计与平行面铣削有所不同。

（一）台阶工件的装夹与找正

台阶零件加工中，加工者要保证加工出的台阶面与基准面平行，这就需要使工件装夹后基准面与工作台面及运动方向平行，常使用机用平口虎钳装夹工件。采用平口虎钳装夹工件时，应找正固定钳口与铣床纵向轴线垂直。

1）虎钳找正。利用百分表找正虎钳钳口，使钳口与工作台纵向运动方向垂直，要求在100mm的范围内误差在0.02mm以内（如图5-3-8所示）。

2）工件找正。装夹工件时，应使工件的底面靠紧钳体导轨面或垫铁，台阶底面应高出钳口的上平面，以免将钳口铣坏（如图5-3-9所示）。

图5-3-8　虎钳找正

图5-3-9　工件找正

（二）刀具的选择

1）立铣刀。立铣刀的圆周表面和端面上都有切削刃，圆周切削刃为主切削刃，主要用来铣削台阶面。一般 $\phi 20 \sim \phi 40$mm 的立铣刀铣削台阶面的质量较好。

2）面铣刀。面铣刀的圆周表面和端面上都有切削刃，端部切削刃为主切削刃，主要用来铣削大平面，以提高加工效率。

3）三面刃铣刀。三面刃铣刀有直齿和错齿两种。直径大的错齿三面刃铣刀大多是镶齿式结构，当某一刀齿损坏后，只对一个刀齿进行更换即可。三面刃铣刀的周刃起主要切削作用，而侧刃起修光作用。因此，台阶面的铣削也常采用三面刃铣刀完成。

（三）凸台零件加工

【案例2】台阶面铣削：凸台零件铣削。

1. 任务布置

图5-3-10所示凸台零件，材料为45钢，单件。毛坯80mm×75mm×48mm方钢（上平面已铣削完成）。请按图示要求完成凸台铣削。

2. 工作过程

1）分析零件图，明确加工内容。

图5-3-10 凸台零件的加工部位为台阶表面及侧面，该零件可在普通铣床完成。图中 $40_{-0.039}^{0}$ 、18 ± 0.1、8 ± 0.1 和 $Ra3.2$、$Ra6.3$ 为重点保证的尺寸和表面质量。

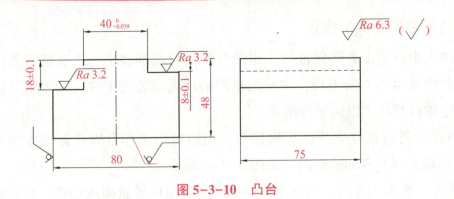

图 5-3-10 凸台

2)确定加工方案。

(1)机床及装夹方式选择。由于零件轮廓尺寸不大,且为单件加工,根据车间设备状况,决定选择 X5032 型铣床完成本次任务。由于零件毛坯为方钢,故决定选择平口钳、垫铁等配合装夹工件。

(2)刀具选择及刀路设计。由图可知,两台阶面的最大宽度为 20mm,并根据车间刀具配备情况,决定用 $\phi25mm$ 立铣刀铣削待加工的台阶面,此时刀具直径大于台阶宽度。

(3)为有效保护刀具,提高加工表面质量,采用不对称顺铣方式铣削工件。

(4)切削用量选择。

3)制订加工过程文件。本次加工任务工序卡见表 5-3-7。

表 5-3-7 凸台铣削工序卡

××厂	工序卡片	产品名称及型号	零件名称	图号	工序名称	工序号	共 页
			凸台				第 页
(工序简图)			车间	工段	材料名称	材料牌号	力学性能
			同时加工件数	技术等级		单件时间/min	准备结束时间/min
			设备名称 X5032	设备编号	夹具名称	夹具编号	切削液
			更改内容				

装夹号	工步号	装夹和工步内容	切削工具名称及编号	量具名称及编号	辅助工具名称及编号
1	1	粗铣深 8mm 台阶平面	立铣刀1	游标卡尺	
	2	粗铣深 18mm 台阶平面	立铣刀1	游标卡尺	
	3	精铣深 8mm 台阶平面及侧面	立铣刀2	直角尺、千分尺	
	4	精铣深 18mm 台阶平面及侧面	立铣刀2	直角尺、千分尺	
编制			校对	审核	会签

4）加工零件。

（1）开机前的准备。与平行面铣削案例操作过程相同。

（2）加工前的准备。与平行面铣削案例操作过程相同。

（3）安装工件及刀具。与平行面铣削案例操作过程相同。

（4）零件加工：分别粗铣深8mm、深18mm台阶平面，换精铣刀，进行零件精铣加工。

（5）精铣加工完成后，对工件去毛刺，测量相关尺寸，控制零件凸台的高度及侧面加工精度。

（6）加工后的处理与平行面铣削案例操作过程相同，此处略。

5）验收零件。检验者结合零件图要求，用量具检查加工部位尺寸、表面粗糙度要求。

6）评价完成情况。加工者与检验者共同评价本次加工任务的完成情况。

三、沟槽铣削

机械零件中常见带有沟槽的零件，如图 5-3-11 隔板零件所示的直角沟槽，图 5-3-12 带锯床上抬料油缸上部的通槽。

图 5-3-11　隔板

图 5-3-12　抬料油缸

（一）直角沟槽铣削

1. 用于铣削直角沟槽的铣刀

N 铣削直角沟槽常用的铣刀有三面刃铣刀、立铣刀和键槽铣刀，也可以用合成铣刀和盘形槽铣刀铣削，如图 5-3-13 所示。

2. 直角沟槽的铣削方法

1）三面刃铣刀铣削直角通槽。

用三面刃铣刀铣直角通槽，如图 5-3-14 所示。所选用三面刃铣刀的宽度应等于或小于所加工的槽宽，铣刀直径应大于铣刀杆垫圈直径加两倍的槽深。

注意：三面刃铣刀的宽度 B' 应等于或小于所加工工件的槽宽，即 $B' \leqslant B$；三面刃铣刀的直径应大于刀杆垫圈直径 d 与铣削深度 H 两倍之和，即 $D > d + 2H$，如图 5-3-14 所示。对于槽宽 B 的尺寸精度要求较高的沟槽，常选择宽度小于槽宽的铣刀，采用扩刀法分两次或两次以上铣削至要求。

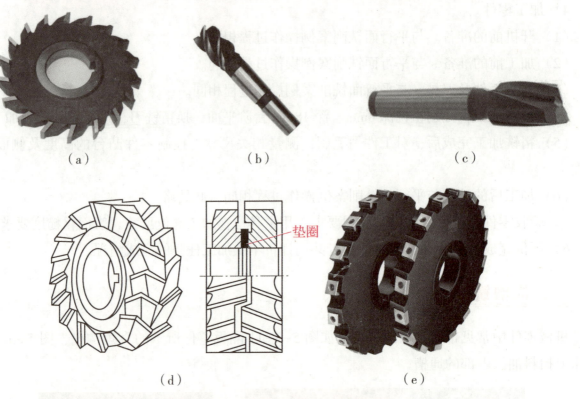

图 5-3-13 可用于铣直角沟槽的铣刀
（a）三面刃铣刀；（b）立铣刀；（c）键槽铣刀；（d）合成铣刀；（e）盘形槽铣刀

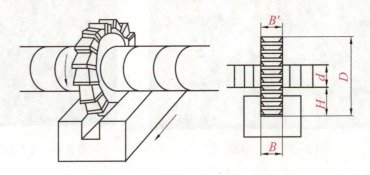

图 5-3-14 三面刃铣刀铣削直角通槽

2）用立铣刀铣削直通槽。

当直通槽宽度大于 25mm 时，一般采用立铣刀用扩铣法加工，如图 5-3-15 所示；或采用合成铣刀铣削，当采用合成铣刀铣削时，工件的装夹与对刀的方法与用三面刃铣刀铣削时基本相同。

3）用立铣刀或键槽铣刀铣削半通槽和封闭槽。

半通槽和封闭槽都采用立铣刀或键槽铣刀进行铣削。

（1）用立铣刀铣削半通槽。

半通槽多采用立铣刀进行铣削，如图 5-3-16 所示。用立铣刀铣半通槽时，所选择的立铣刀直径应等于或小于槽的宽度。由于立铣刀的刚度较低，铣削时易产生"偏让"现象，甚至使铣刀折断。在铣削较深的槽时，可采用分层铣削的方法，先粗铣至槽的深度尺寸，再扩铣至槽的宽度尺寸。扩铣时，应尽量采用逆铣。

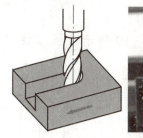

图 5-3-15　用立铣刀扩铣直通槽　　　　图 5-3-16　用立铣刀铣半通槽

（2）用立铣刀铣削封闭槽。

用立铣刀铣削封闭槽时，由于立铣刀的端面刃的中心部分有中心孔，不能垂直进给铣削工件。在加工封闭槽之前，应先在槽的一端预钻一个落刀孔（落刀孔的直径应小于铣刀直径），并由此落刀孔落下铣刀进行铣削。在铣削较深的槽时，可用分层铣削的方法完成，待深度方向铣通后，再扩铣至长度尺寸。用立铣刀铣削封闭槽的方法和过程如图 5-3-17 所示。

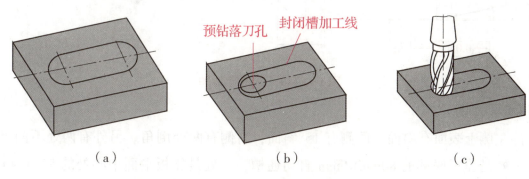

图 5-3-17　用立铣刀铣削封闭槽的方法和过程

（a）划加工位置线；（b）预钻落刀孔；（c）在落刀孔位置落刀铣削

（3）用键槽铣刀铣削封闭槽。

由于键槽铣刀的主切削刃在端面上，整个端面刃在垂直进给时铣削工件。所以，用键槽铣刀铣削封闭槽时无须预钻落刀孔，即可直接落刀对工件进行铣削，如图 5-3-18（a）所示。常用于加工高精度的，较浅的半通槽和不穿通封闭槽。在铣削较深的沟槽时，若一次铣到深度，同样在铣削时也易产生"偏让"现象，甚至使铣刀折断。这时可采用对深度尺寸分层铣削的方法完成，如图 5-3-18（b）所示。

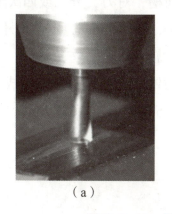

图 5-3-18　用键槽铣刀铣削封闭槽的过程

（a）直接落刀；（b）分层进刀铣削封闭槽

3. 铣封闭直角沟槽案例

【案例3】 铣削如图5-3-19所示压板零件直角沟槽。

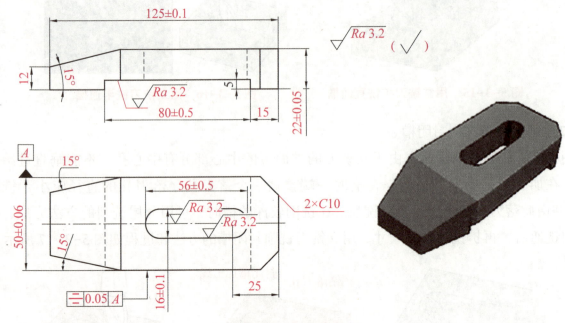

图 5-3-19 压板零件图

1) 压板零件图分析。

该工件左侧上表面有斜面，两侧有15°斜面，右侧有两处倒角。另外有两处不同类型的直角沟槽，一处是压板底部的80mm×5mm直角通槽，一处是压板平面中心处的56mm×16mm封闭槽。斜面及倒角的铣削安排在铣槽之前完成。

2) 工艺分析。

本工艺仅针对两个直角沟槽铣削。一个是压板底部的80mm×5mm直角通槽，另一处是压板平面中心处的56mm×16mm封闭槽。两个槽选用不同规格的铣刀：80mm×5mm直角通槽采用ϕ30mm立铣刀铣削；56mm×16mm封闭槽采用ϕ12mm左右钻头钻落刀孔，用ϕ16mm立铣刀扩刀的方法铣削。

主要步骤：

（1）用平口钳装夹工件，铣削80mm×5mm直角通槽，对刀，分三或四次走刀完成80mm×5mm直角通槽的铣削，并注意保证槽宽（80±0.5）mm，槽深5mm，定位尺寸15mm等尺寸。

（2）用平口钳装夹工件，铣削56mm×16mm封闭槽。

用ϕ12~ϕ14mm的锥柄立铣刀粗铣，换ϕ16mm的锥柄立铣刀，扩刀完成56mm×16mm封闭槽的铣削，并注意保证槽宽16±0.1mm，槽长56±0.5mm，定位尺寸25mm等。

3) 机械加工工艺卡，如表5-3-8所示。

表 5-3-8 压板机械加工工艺卡

		厂名		机械加工工艺卡	
		车间			
		产品名称	零件号		零件名
					压板
		材料	45 钢	零件毛重	
		毛坯种类	长方体	零件净重	
		形状与尺寸	130×28 长方体	材料定额/kg	
				每台产品零件数	

工序号	工序或工步内容	工艺装备名称及编号					时间定额/min	
		设备	夹具	刀具	量具	辅具	单件时间	准备结束时间
1	对照图样划线，打样冲眼	划线台			钢直尺、高度游标尺	划线平板、钢直尺、划针、样冲		
2	安装立铣刀 φ30mm 的锥柄立铣刀			φ30mm 立铣刀		刀具扳手		
3	用平口钳装夹工件，铣削 80mm×5mm 直角通槽，分三或四次走刀完成，注意保证槽宽（80±0.5）mm，槽深 5mm，定位尺寸 15mm 等尺寸	X5032 立式铣床	平口钳	φ30mm 立铣刀	游标卡尺			
4	检查无误后，拆下工件，用锉刀去除毛刺	X5032 立式铣床	平口钳		游标卡尺	锉刀		
5	用游标卡尺，游标深度尺检验工件各个尺寸，并做好记录	X5032 立式铣床			游标卡尺、深度尺			
6	用平口钳装夹工件，换上 φ12～φ14mm 的锥柄立铣刀，粗铣削 56mm×16mm 封闭槽	X5032 立式铣床	平口钳	φ12～14mm 立铣刀	游标卡尺	刀具扳手		

7	换 φ16mm 的锥柄立铣刀，扩刀完成 56mm×16mm 封闭槽的铣削，注意保证槽宽 16±0.1mm，槽长 56±0.5mm，定位尺寸 25mm 等	X5032 立式铣床	平口钳	φ16mm 立铣刀	游标卡尺	刀具扳手	
8	检查无误后，拆下工件，用锉刀去除毛刺	X5032 立式铣床	平口钳		游标卡尺	锉刀	
9	用游标卡尺、游标深度尺检验工件各个尺寸，并做好记录				游标卡尺、深度尺		
更改内容							
编制		校对		审核		批准	

4. 直角沟槽的检测

直角沟槽检测内容主要包括长度、宽度、深度、对称度的检测。

1) 长度、宽度和深度的检测。检测直角沟槽的长度、宽度和深度时，通常使用游标卡尺、千分尺等测量（如图 5-3-20 所示），对于尺寸精度要求较高的沟槽，可采用塞规检测。

2) 对称度的检测。检测沟槽的对称度时，可用游标卡尺、千分尺或杠杆百分表检测。用杠杆百分表检测时，工件分别以两侧面为基准放在平板上，然后将百分表测量头置于沟槽的侧面上（如图 5-3-21 所示）。移动工件，观察百分表指针变化情况，两次测量读数的最大差值即为对称度误差，如果一致，则槽的两侧就对称于工件中心平面。

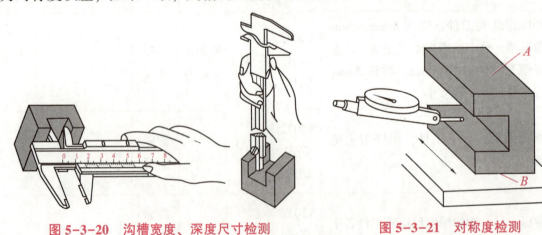

图 5-3-20　沟槽宽度、深度尺寸检测　　　　图 5-3-21　对称度检测

5. 直槽的加工质量分析

直槽铣削时产生质量问题的原因及解决措施如表 5-3-9 所示。

表 5-3-9 直槽铣削时产生质量问题的原因及预防方法

产生的问题	产生原因	解决措施
直槽尺寸不正确	1. 选择的铣刀尺寸不正确，使槽的尺寸铣错。 2. 铣刀切削刃的圆跳动和端面跳动过大，使槽的尺寸变大。 3. 铣削时，产生"让刀"现象。 4. 往返几次切削工件，将槽宽铣大。 5. 测量尺寸有错误	1. 仔细选择铣刀尺寸。 2. 加工前用百分表检查铣刀的径向跳动。 3. 认真操作、仔细测量。 4. 正确读数
槽两侧与工件中心不对称	1. 对刀不准确。 2. 扩铣两侧时将槽铣偏。 3. 测量尺寸时不正确，按测量的数值铣削，将槽铣偏	1. 仔细对刀。 2. 记住刻度，仔细调整工作台移动。 3. 仔细测量
槽侧面与工件侧面不平行	1. 平口钳的固定钳口没有校正好。 2. 选择的垫铁不平行。 3. 装夹工件时工件没有校正好	1. 校正平口钳的固定钳口与铣床主轴平行。 2. 修整平行垫铁。 3. 仔细校正工件
槽的两侧出现凹面	工作台零位不准，用三面刃铣削时，铣削出的槽的两侧出现凹面	校正工作台零位，随时注意铣削情况
表面粗糙度要求不符合要求	1. 铣刀磨损变钝。 2. 进给量过大或主轴转速过低。 3. 切削深度过大，铣刀铣削时不平稳。 4. 没有使用切削液	1. 注意刀具铣削时情况，发生磨损时，应及时刃磨或更换铣刀。 2. 选择合适的进给量或主轴转速。 3. 选择合适的切削深度。 4. 粗精铣分开，特别是用立铣刀或键槽铣刀铣削封闭槽时，应分多次进给完成粗铣。 5. 铣削钢件时，应加注充分的切削液

6. 十字槽铣削实例

【案例 4】铣削如图 5-3-22 所示的十字槽零件，毛坯为 65mm×45mm×55mm 长方块，材料为 45 钢，单件生产。

1）分析零件图样。

该零件包含了平面、沟槽、斜面的加工，表面粗糙度要求全部为 $Ra6.3$。

长宽高外形尺寸：（60±0.06）mm、（50±0.05）mm、（40±0.05）mm，公差皆为对称公差；

十字槽尺寸：槽宽 $10^{+0.047}_{0}$ mm，槽深 $10^{+0.11}_{0}$ mm，尺寸的下偏差都为零，对称度 0.12mm，垂直度 0.1mm。

其他尺寸：斜面 30°，高 30mm；台阶高 20mm、宽 10mm；

沟槽：槽宽 $16^{+0.047}_{0}$ mm，槽深 $8^{+0.11}_{0}$ mm。

斜槽：槽宽 $10^{+0.03}_{0}$ mm，槽深 $6^{+0.10}_{0}$ mm，位置尺寸 12mm 和 40mm。

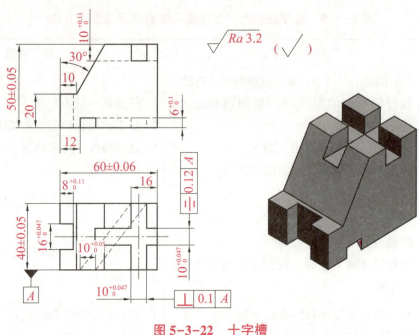

图 5-3-22 十字槽

2）主要步骤：

（1）选择铣刀：端铣刀，φ8mm 键槽铣刀，φ30mm 立铣刀。

（2）安装铣刀：安装端铣刀铣工件外形，安装 φ30mm 立铣刀铣斜面，安装 φ8mm 键槽铣刀。

（3）安装校正工件：工件安装在平口钳上，用百分表校正平口钳固定钳口与纵向走刀方向平行。

（4）铣削外形、铣削十字槽、铣削斜槽。

3）编制加工工艺卡。

编制加工工艺卡，如表 5-3-10 所示。

表 5-3-10 十字槽机械加工工艺卡

	厂名		机械加工工艺卡	
	车间			
	产品名称	零件号		零件名
				十字槽
	材料	45钢	零件毛重	
	毛坯种类	长方体	零件净重	
	形状与尺寸	55×65 长方体	材料定额/kg	
			每台产品零件数	

续表

工序号	工序或工步内容	工艺装备名称及编号					时间定额/min	
		设备	夹具	刀具	量具	辅具	单件时间	准备结束时间
1	装端铣刀，铣削外形尺寸（60±0.06）mm，（50±0.05）mm，（40±0.05）mm，保证尺寸、垂直度、平行度	X5032立式铣床	平口钳	端铣刀	游标卡尺	刀具扳手		
2	选用平口钳装夹工件，安装 $\phi 8mm$ 键槽铣刀，铣宽度为10mm，高度20mm的台阶	X5032立式铣床	平口钳	$\phi 8mm$ 键槽铣刀	游标卡尺	刀具扳手		
3	安装 $\phi 30mm$ 立铣刀，调转立铣刀角度 $\alpha=30°$	X5032立式铣床	平口钳	$\phi 30mm$ 立铣刀	游标卡尺	刀具扳手		
4	对刀，调整铣削宽度，铣出30°斜面	X5032立式铣床	平口钳	$\phi 30mm$ 立铣刀	万能角度尺			
5	铣十字槽，安装 $\phi 8mm$ 键槽铣刀，铣削槽宽 $10_{0}^{+0.047}$ mm，槽深 $10_{0}^{+0.11}$ mm，对称度0.12mm，垂直度0.1mm。保证位置精度16mm	X5032立式铣床	平口钳	$\phi 8mm$ 键槽铣刀	游标卡尺	刀具扳手		
6	铣直角沟槽 在工件上划出各槽尺寸线，位置线，工件翻转90°装夹	X5032立式铣床	平口钳	$\phi 8mm$ 键槽铣刀	高度游标卡尺			
7	铣槽宽 $16_{0}^{+0.047}$ mm，槽深 $8_{0}^{+0.11}$ mm 的直角沟槽	X5032立式铣床	平口钳	$\phi 8mm$ 立铣刀	游标卡尺			
8	测量，卸下工件		平口钳		游标卡尺			
9	划线，工件翻转180°装夹，铣斜槽	X5032立式铣床	平口钳	$\phi 8mm$ 立铣刀				
10	铣削槽宽 $10_{0}^{+0.03}$ mm，槽深 $6_{0}^{+0.10}$ mm 的斜直角沟槽	X5032立式铣床	平口钳	$\phi 8mm$ 立铣刀	游标卡尺			

续表

11	测量合格后，取下工件	X5032立式铣床	平口钳		游标卡尺			
	更改内容							
	编制		校对			审核		批准

4）十字槽的质量分析。

加工十字槽时产生的问题，除了直角槽常见的质量问题外，还可能出现其他问题。产生的原因及解决措施如表 5-3-11 所示。

表 5-3-11　十字槽加工时产生质量问题的原因及预防方法

产生的问题	产生原因	解决措施
两条槽不垂直	1. 工件轮廓两对边不平行（平行度超差）。 2. 没有用百分表找正平口虎钳的固定钳口。 3. 平口虎钳钳口磨损，导致工件放入后倾斜	1. 检验工件轮廓对边的平行度及相邻边的垂直度。 2. 装夹工件前用百分表认真找正固定钳口。 3. 检验平口钳钳口的直线度及两钳口的平行度
槽的两边宽度不相等，一边宽一边窄	1. 划线不准确。 2. 开始铣削时铣刀没有对中心。 3. 铣削后没有用百分表控制工作台移动量。 4. 测量尺寸时不正确，按测量的数值铣削，将槽铣偏。 5. 仔细测量，避免因测量而引起的失误	1. 对照图纸要求认真划线，保证中心线两边相等，槽宽符合要求。 2. 开始铣削时，应认真对刀，从所划中心线处开始铣削。 3. 当槽宽有公差要求时，应用百分表控制工作台的移动量，保证铣削后尺寸符合要求
槽两端深度不一致	1. 工件已加工的上下表面不平行。 2. 工件没有放平稳。 3. 因误操作，深度方向进刀有变动	1. 检验已加工好的零件的上下表面的平行度是否合格。 2. 装夹时将工件底面与垫铁表面擦干净，垫铁表面与平口钳导面间也要保持清洁。 3. 操作中严格按步骤来，不能有误操作

（二）沟槽铣削注意事项

1. 敞开式、半封闭式直角沟槽铣削时注意事项

敞开式、半封闭式直角沟槽的铣削方法与铣削台阶基本相同。三面刃铣刀特别适宜加工较窄和较深的敞开式或半封闭式直角沟槽。对于槽宽尺寸精度较高的沟槽，通常选择小于槽宽的铣刀，采用扩大法，分两次或两次以上铣削至尺寸要求。由于直角沟槽的尺寸精度和位置精度要求一般都比较高，因此在铣削过程中应注意以下几点：

1) 要注意铣刀的轴向摆差，以免造成沟槽宽度尺寸超差。

2) 在槽宽需分几刀铣至尺寸时，要注意铣刀单面切削时的让刀现象。

3) 若工作台零位不准，铣出的直角沟槽会出现上宽下窄的现象，并使两侧面呈弧形凹面。

4) 在铣削过程中，不能中途停止进给，也不能退回工件。因为在铣削中，整个工艺系统的受力是有规律和方向性的，一旦停止进给，铣刀原来受到的铣削力发生变化，必然使铣刀在槽中的位置发生变化，从而使沟槽的尺寸发生变化。

5) 铣削与基准面呈倾斜角度的直角沟槽时，应将沟槽校正到与进给方向平行的位置再加工。

2. 封闭式直角沟槽铣削时注意事项

封闭式直角沟槽一般都采用立铣刀或键槽铣刀来加工。加工时应注意以下几点：

1) 校正后的沟槽方向应与进给方向一致。

2) 立铣刀适宜加工两端封闭、底部穿通及槽宽精度要求较低的直角沟槽，如各种压板上的穿通槽等。由于立铣刀的端面切削刃不通过中心，因此，加工封闭式直角沟槽时，要在起刀位置预钻落刀孔。

立铣刀的强度及铣削刚度较差，容易产生"让刀"现象或折断，使槽壁在深度方向出现斜度，所以，加工较深的槽时应分层铣削，进给量要比三面刃铣刀小一些。

3) 对于尺寸较小、槽宽要求较高及深度较浅的封闭式直角沟槽，可采用键槽铣刀加工。铣刀的强度.刚度都较差时，应考虑分层铣削。分层铣削时应在槽的一端切入工件，以减小接刀痕迹。

4) 当采用自动进给功能进行铣削时，不能一直铣到头，必须预先停止，改用手动进给方式走刀，以免铣过尺寸，造成报废。

任务练习

一、填空题

1. 一般来说，粗加工时，每齿进给量应尽量取得_____些；半精加工和精加工时，为了提高已加工表面的质量，一般应选取_____的每齿进给量。

2. 平面铣削好后，一般都用_____通过_____进行检验。对于平面度要求较高的平面，则可用_____来检测，检测时在_____上涂上红丹粉，再将工件上的平面放在标准平板上进行对研，对研后取下工件，观察工件平面的着色情况，若着色均匀细密，则表示平面的平面度较好。

3. 倾斜程度大的斜面的斜度用_____（斜面与基准面之间的夹角）表示。倾斜度小的斜面采用_____表示（例 1:50）。

4. 铣削直角沟槽常用的铣刀有_____、_____和_____，也可以用_____和_____铣削。

5. 当直通槽宽度大于25mm时，一般采用_____用_____加工；或采用_____铣削。

二、判断题

1. 在成批或大批量生产中，为了达到优质高产，最好采用专用夹具来铣斜面。（ ）

2. 用三面刃铣刀铣直角通槽时，所选用三面刃铣刀的宽度必须等于所加工的槽宽，否则铣出的槽尺寸不合格。（ ）

3. 半通槽多采用立铣刀进行铣削。用立铣刀铣半通槽时，所选择的立铣刀直径必须等于槽的宽度。（ ）

4. 在铣削较深的槽时，可采用分层铣削的方法，先粗铣至槽的深度尺寸，再扩铣至槽的宽度尺寸。扩铣时，应尽量采用逆铣。（ ）

5. 钢件铣削时可以不浇注切削液。（ ）

三、简答题

1. 斜面有哪几种检测方法？
2. 铣削斜面时，工件、铣床、铣刀三者之间的关系必须满足什么条件？
3. 铣半圆键槽时，槽宽尺寸超差的原因是什么？如何解决？

四、工艺编制题

铣削图 5-3-23 键槽轴所示轴上键槽，试分析所选用的刀具，编制铣削工艺。

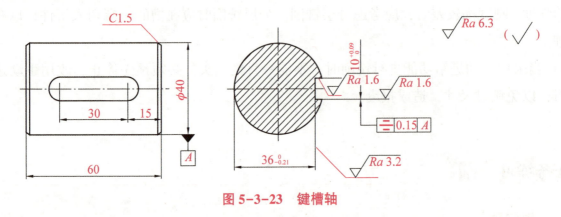

图 5-3-23 键槽轴

任务拓展

阅读材料——数控铣床的加工内容及特点

数控铣床又称 CNC（Computer Numerical Control）铣床。英文意思是用电子计算机数字化信号控制的铣床。

数控铣床是在一般铣床的基础上发展起来的一种自动加工设备，两者的加工工艺基本相同，结构也有些相似。数控铣床分为不带刀库和带刀库两大类。其中带刀库的数控铣床又称为加工中心。由于数控铣削工艺最复杂，需要解决的技术问题也最多，因此，人们在研究和开发数控系统及自动编程语言的软件时，也一直把铣削加工作为重点。

一、数控铣床加工

铣床的加工表面形状一般是由直线、圆弧或其他曲线所组成。普通铣床操作者根据图样的要求，不断改变刀具与工件之间的相对位置，再与选定的铣刀转速相配合，使刀具对工件进行切削加工，便可加工出各种不同形状的工件。

数控机床加工是把刀具与工件的运动坐标分割成最小的单位量，即最小位移量。由数控系统根据工件程序的要求，使各坐标移动若干个最小位移量，从而实现刀具与工件的相对运动，以完成零件的加工。

加工范围主要分为平面加工、曲面加工。

1）平面加工：数控机床铣削平面可以分为对工件的水平面（XY）加工，对工件的正平面（XZ）加工和对工件的侧平面（YZ）加工。只要使用两轴半控制的数控铣床就能完成这样平面的铣削加工。

2）曲面加工：如果铣削复杂的曲面则需要使用三轴甚至更多轴联动的数控铣床。

二、数控铣床的主要功能

1）点位控制功能：数控铣床的点位控制主要用于工件的孔加工，如中心钻定位、钻孔、扩孔、锪孔、铰孔和镗孔等各种孔加工操作。

2）连续控制功能：通过数控铣床的直线插补、圆弧插补或复杂的曲线插补运动，铣削加工工件的平面和曲面。

3）刀具半径补偿功能：如果直接按工件轮廓线编程，在加工工件内轮廓时，实际轮廓线将大了一个刀具半径值；在加工工件外轮廓时，实际轮廓线又小了一个刀具半径值。使用刀具半径补偿的方法，数控系统自动计算刀具中心轨迹，使刀具中心偏离工件轮廓一个刀具半径值，从而加工出符合图纸要求的轮廓。利用刀具半径补偿的功能，改变刀具半径补偿量，还可以补偿刀具磨损量和加工误差，实现对工件的粗加工和精加工。

4）刀具长度补偿功能：改变刀具长度的补偿量，可以补偿刀具换刀后的长度偏差值，还可以改变切削加工的平面位置，控制刀具的轴向定位精度。

5）固定循环加工功能：应用固定循环加工指令，可以简化加工程序，减少编程的工作量。

6）子程序功能：如果加工工件形状相同或相似，把其编写成子程序，由主程序调用，这样简化程序结构。引用子程序的功能使加工程序模块化，按加工过程的工序分成若干个模块，分别编写成子程序，由主程序调用，完成对工件的加工。这种模块式的程序便于加工调试，优化加工工艺。

三、功能特点

数控铣削加工除了具有普通铣床加工的特点外，还有如下特点：

1) 零件加工的适应性强、灵活性好，能加工轮廓形状特别复杂或难以控制尺寸的零件，如模具类零件、壳体类零件等；

2) 能加工普通机床无法加工或很难加工的零件，如用数学模型描述的复杂曲线零件以及三维空间曲面类零件；

3) 能加工一次装夹定位后，需进行多道工序加工的零件；

4) 加工精度高、加工质量稳定可靠，数控装置的脉冲当量一般为 0.001mm，高精度的数控系统可达 0.1μm，另外，数控加工还避免了操作人员的操作失误；

5) 生产自动化程度高，可以减轻操作者的劳动强度。有利于生产管理自动化；

6) 生产效率高，数控铣床一般不需要使用专用夹具等专用工艺设备，在更换工件时只需调用存储于数控装置中的加工程序、装夹工具和调整刀具数据即可，因而大大缩短了生产周期。其次，数控铣床具有铣床、镗床、钻床的功能，使工序高度集中，大大提高了生产效率。另外，数控铣床的主轴转速和进给速度都是无级变速的，因此有利于选择最佳切削用量；

四、数控铣床的结构及装备

1. 数控铣床结构（如图 5-3-24、图 5-3-25 所示）

数控铣床形式多样，不同类型的数控铣床在组成上虽有所差别，但却有许多相似之处。主要由组成部分为：床身部分，铣头部分，工作台部分，横进给部分，升降台部分，冷却、润滑部分。床身内部布局合理，具有良好的刚性，底座上设有4个调节螺栓，便于机床进行水平调整，切削液储液箱设在机床座内部。

图 5-3-24　立式数控铣床

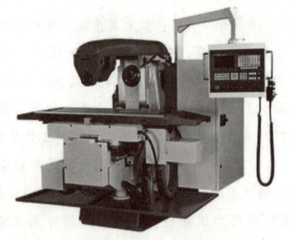

图 5-3-25　卧式数控铣床

2. 数控铣床的装备

1) 夹具：数控铣床的通用夹具主要有平口钳、磁性吸盘和压板装置。对于加工中、大批量或形状复杂的工件则要设计组合夹具，如果使用气动和液压夹具，通过程序控制夹具，实现对工件的自动装卸，则能进一步提高工作效率和降低劳动强度。

2）刀具：常用的铣削刀具有立铣刀、端面铣刀、成形铣刀和孔加工刀具等。

数控铣床上所采用的刀具要根据被加工零件的材料、几何形状、表面质量要求、热处理状态、切削性能及加工余量等，选择刚性好、耐用度高的刀具。

（1）加工曲面类零件时，为了保证刀具切削刃与加工轮廓在切削点相切，而避免刀刃与工件轮廓发生干涉，一般采用球头刀，粗加工用两刃铣刀，半精加工和精加工用四刃铣刀。

（2）铣大的平面时，为了提高生产效率和提高加工表面粗糙度要求，一般采用刀片镶嵌式盘形铣刀。

（3）铣小平面或台阶面时一般采用通用铣刀。

（4）铣键槽时，为了保证槽的尺寸精度、一般用两刃键槽铣刀。

（5）孔加工时，可采用钻头、镗刀等孔加工类刀具。

3. 数控铣刀结构的选择

铣刀一般由刀片、定位元件、夹紧元件和刀体组成。由于刀片在刀体上有多种定位与夹紧方式，刀片定位元件的结构又有不同类型，因此铣刀的结构形式有多种，分类方法也较多。选用时，主要可根据刀片排列方式。刀片排列方式可分为平装结构和立装结构两大类。

1）平装结构（刀片径向排列）。

平装结构铣刀的刀体结构工艺性好，容易加工，并可采用无孔刀片（刀片价格较低，可重磨）。由于需要夹紧元件，刀片的一部分被覆盖，容屑空间较小，且在切削力方向上的硬质合金截面较小，故平装结构的铣刀一般用于轻型和中量型的铣削加工。

2）立装结构（刀片切向排列）。

立装结构铣刀的刀片只用一个螺钉固定在刀槽上，结构简单，转位方便。虽然刀具零件较少，但刀体的加工难度较大，一般需用五轴加工中心进行加工。由于刀片采用切削力夹紧，夹紧力随切削力的增大而增大，因此可省去夹紧元件，增大了容屑空间。由于刀片切向安装，在切削力方向的硬质合金截面较大，因而可进行大切削深度、大进给量切削，这种铣刀适用于重型和中量型的铣削加工。

参考文献

[1] 田兴林. 机械切削工人实用手册(精) [M]. 北京：化学工业出版社, 2019.

[2] 万苏文, 干建松. 机械加工技术 [M]. 北京：机械工业出版社, 2019.

[3] 李玉青. 特种加工技术 [M]. 2版. 北京：机械工业出版社, 2021.

[4] 张兆隆, 张敬芳. 机械加工技术 [M]. 2版. 北京：机械工业出版社, 2019.

[5] 张冲. 3D打印技术基础 [M]. 北京：高等教育出版社, 2018.

[6] 范家柱. 机械加工技术 [M]. 北京：高等教育出版社, 2020.

[7] 张士才, 王建波. 车工实训 [M]. 成都：电子科技大学出版社, 2017.

[8] 张伟, 须丽. 普通铣削加工 [M]. 杭州：浙江大学出版社, 2020.

[9] 邓守峰, 李福运. 激光加工原理与工艺 [M]. 北京：北京航空航天大学出版社, 2019.

目　录

模块一　机械加工技术基础

项目一　机械加工安全及设备 …………………………………………… 1

任务一　规范生产场所的安全标准 ………………………………… 1

任务二　制订机械加工安全技术操作规程 ……………………… 3

任务三　维护保养机械设备 ………………………………………… 4

任务四　认识金属切削机床 ………………………………………… 6

项目二　编制机械加工工艺规程 …………………………………… 9

任务一　认识机械加工工艺规程 ………………………………… 9

任务二　编制机械加工工艺规程 ………………………………… 10

任务三　编制典型机械加工工艺规程 …………………………… 13

项目三　先进加工技术 ………………………………………………… 16

任务一　认识特种加工技术 ……………………………………… 16

任务二　认识激光加工技术 ……………………………………… 17

任务三　认识 3D 打印技术 ……………………………………… 19

模块二　机械加工技术的应用

项目四　车削加工技术 ………………………………………………… 22

任务一　认识车床 ………………………………………………… 22

任务二　刃磨车刀 ………………………………………………… 27

任务三　车削典型轴类零件 ……………………………………… 29

机械加工技术

项目五　铣削加工技术 ……………………………………………………………… 31

　　任务一　认识铣床 ……………………………………………………………………… 31

　　任务二　选择铣刀 ……………………………………………………………………… 33

　　任务三　铣削典型零件 ………………………………………………………………… 34

模块一　机械加工技术基础

项目一　机械加工安全及设备

任务一　规范生产场所的安全标准

❖ 任务描述

本任务主要以机加工车间安全生产为例，对机械加工生产场所进行布置，保证生产场所的采光、通道、设备布局、物料堆放等满足安全生产要求。要求员工应遵守安全职责，做好机械伤害事故的预防，做到安全文明生产"班后六不走"。

❖ 任务实施

一、实施目标

1. 掌握我国的安全生产方针；
2. 了解机械加工生产场所的安全要求；
3. 了解机械伤害事故的预防。

二、实施准备

自主学习"知识链接"部分，并通过网络等媒介，了解生产场所的安全要求方面的知识。

课题名称		时　间	
随　　笔	预习主要内容		

续表

随　笔	课堂笔记主要内容
评　语	

三、实施内容

1. 说出我国的安全生产方针，要求企业及员工从思想上重视安全生产工作。

2. 说出机械加工生产场所的安全应注意哪些内容。

3. 说出员工安全职责，安全文明生产"班后六不走"的内容，并进行模拟。

四、实施步骤

1. 以学校机加工车间的普通车床为例，说出生产场所的布置要求，及在安全生产中应注意的问题。

2. 了解机加工车间实习教师工作职责和实习基地学生行为准则。以组为单位讨论其是否规范合理，形成文字。

3. 参观企业机加工车间，仔细观察车间生产场所的安全要求是否规范到位。

❖ 任务评价

组别		小组负责人		
成员姓名		班级		
课题名称		实施时间		
评价指标	配分	自评	互评	教师评
课前准备，收集资料	5			
课堂学习情况	20			
能应用各种手段获得需要的学习材料，并能提炼出需要的知识点	20			
去企业实地调研	15			
任务完成质量	10			
课堂学习纪律、安全文明	15			
能实现前后知识的迁移，主动性强，与同伴团结协作	15			
总　　计	100			

项目一 机械加工安全及设备　　3

续表

教师总评 （成绩、不足及注意事项）	
综合评定等级（个人 30%，小组 30%，教师 40%）	

任务二　制订机械加工安全技术操作规程

❖ 任务描述

　　本任务主要是以普通车床、铣床、激光切割机等为例介绍机械加工安全操作规程，通过学习，要求学生在机械加工训练中，能严格按照操作规程操作机床顺利完成零件的加工。

❖ 任务实施

一、实施目标

1. 掌握机械加工安全技术操作规程的内容；
2. 能严格按照普通车床操作规程操作车床；
3. 能严格按照普通铣床操作规程操作铣床。

二、实施准备

　　自主学习"知识链接"部分，并通过网络等媒介，了解机械加工安全技术操作规程相关知识。

课题名称		时　间	
随　笔	预习主要内容		
随　笔	课堂笔记主要内容		
评　语			

三、实施内容

1. 说出普通车床安全操作规程。

模块一　机械加工技术基础

2. 说出普通铣床安全操作规程。

3. 说出激光切割机安全操作规程。

四、实施步骤

1. 以学校机加工车间的普通车床为例，说出普通车床安全操作规程，并说明操作过程中应该注意的问题。

2. 了解机加工车间安全操作规程。以组为单位讨论其是否规范合理，形成文字。

3. 参观企业机加工车间，仔细观察车间生产场所的安全操作规程是否规范到位。

❖ 任务评价

组别		小组负责人	
成员姓名		班级	
课题名称		实施时间	
评价指标	配分	自评	互评	教师评
课前准备，收集资料	5			
课堂学习情况	20			
能应用各种手段获得需要的学习材料，并能提炼出需要的知识点	20			
去企业实地调研	15			
任务完成质量	10			
课堂学习纪律、安全文明	15			
能实现前后知识的迁移，主动性强，与同伴团结协作	15			
总　计	100			
教师总评（成绩、不足及注意事项）				
综合评定等级（个人30%，小组30%，教师40%）				

任务三　维护保养机械设备

❖ 任务描述

本任务主要介绍机电设备维护的重要性，机电设备维护的四项要求，设备维护的三级保养制的内容，精、大、稀设备的使用维护要求。通过学习本任务，要求学生在机械加工过程中，能严格按照机电设备维护保养要求，正确进行机电设备的维护保养。

❖ 任务实施

一、实施目标

1. 了解设备维护保养的内容和要求；

2. 掌握设备的三级保养制；

3. 掌握精、大、稀设备的使用维护要求。

二、实施准备

自主学习"知识链接"部分，并通过网络等媒介，了解设备的维护保养方面的知识。

课题名称		时　间	
随　　笔	预习主要内容		
随　　笔	课堂笔记主要内容		
评　　语			

三、实施内容

1. 说出设备维护保养的要求，认识设备维护保养的重要性，从思想上重视设备维护保养。

2. 说出普通车床和铣床维护保养内容及要求。

3. 说出设备维护的三级保养制包括的内容，并进行模拟。

四、实施步骤

1. 以学校车间的普通车床和铣床为例，说出其维护保养操作内容、保养过程中应该注意的问题。

2. 了解机加工车间的机床维护保养制度，填写表1-3-3设备一级保养记录和表1-3-4设备二级保养完工验收单，以组为单位讨论其是否规范合理，形成文字。

3. 根据普通车床和铣床维护保养内容及要求模拟演示保养过程。

4. 参观企业车间，仔细观察车间操作人员操作前、操作中、操作后整个过程中设备维护保养是否符合规范，是否到位。

❖ 任务评价

组别		小组负责人	
成员姓名		班级	
课题名称		实施时间	

评价指标	配分	自评	互评	教师评
课前准备，收集资料	5			
课堂学习情况	20			
能应用各种手段获得需要的学习材料，并能提炼出需要的知识点	20			
去企业实地调研	15			
任务完成质量	10			
课堂学习纪律、安全文明	15			
能实现前后知识的迁移，主动性强，与同伴团结协作	15			
总　计	100			
教师总评 （成绩、不足及注意事项）				
综合评定等级（个人30%，小组30%，教师40%）				

任务四　认识金属切削机床

❖ 任务描述

通过本任务的学习，要求学生能根据金属切削机床的分类方法，说出学校机械加工车间机床的类型，并能根据不同的机床型号说出机床类型及各参数表示的含义。

❖ 任务实施

一、实施目标

1. 掌握金属切削机床的分类；

2. 掌握机床型号的编制方法；

3. 会正确识读机床型号。

项目一　机械加工安全及设备　　7

二、实施准备

自主学习"知识链接"部分，并通过网络等媒介，了解金属切削机床方面的知识。

课题名称		时　间	
随　　笔	预习主要内容		
随　　笔	课堂笔记主要内容		
评　　语			

三、实施内容

1. 根据不同分类方式说出金属切削机床的类型。
2. 识读机床型号。

四、实施步骤

1. 以学校机械加工车间机床为例，说出金属切削机床的类型。
2. 正确识读机加工车间机床型号。
3. 参观企业车间，认识金属切削机床，记录机床型号并正确识读。

❖ 任务评价

组别		小组负责人		
成员姓名		班级		
课题名称		实施时间		
评价指标	配分	自评	互评	教师评
课前准备，收集资料	5			
课堂学习情况	20			
能应用各种手段获得需要的学习材料，并能提炼出需要的知识点	20			
去企业实地调研	15			
任务完成质量	10			

续表

课堂学习纪律、安全文明	15			
能实现前后知识的迁移，主动性强，与同伴团结协作	15			
总　　计	100			
教师总评 （成绩、不足及注意事项）				
综合评定等级（个人30%，小组30%，教师40%）				

项目二　编制机械加工工艺规程

任务一　认识机械加工工艺规程

❖ 任务描述

本任务主要介绍机械加工工艺规程的作用、制订原则及机械加工工艺过程的组成。通过本任务的学习，让学生对机械加工工艺过程有一定的认识，知道机械加工工艺规程在指导生产中的作用，为后续学习机械加工工艺规程编制做准备。

❖ 任务实施

一、实施目标

1. 掌握机械加工艺规程的作用；
2. 了解工艺规程制订的原则；
3. 了解机械加工工艺过程的组成。

二、实施准备

自主学习"知识链接"部分，并通过网络等媒介，了解机械加工工艺过程的知识。

课题名称		时　间	
随　　笔	预习主要内容		
随　　笔	课堂笔记主要内容		
评　　语			

10 模块一 机械加工技术基础

三、实施内容

1. 说出机械加工工艺过程作用。

2. 说出机械加工工艺过程的编制原则。

3. 说出机械加工工艺过程的组成部分。

四、实施步骤

1. 以学校机加工车间的普通车床为例，说出机械加工工艺过程作用。

2. 了解机加工车间机械加工工艺过程的编制原则。

3. 知道编制机械加工工艺过程的组成部分。

❖ 任务评价

组别		小组负责人	
成员姓名		班级	
课题名称		实施时间	
评价指标	配分	自评	互评	教师评
课前准备，收集资料	5			
课堂学习情况	20			
能应用各种手段获得需要的学习材料，并能提炼出需要的知识点	20			
去企业实地调研	15			
任务完成质量	10			
课堂学习纪律、安全文明	15			
能实现前后知识的迁移，主动性强，与同伴团结协作	15			
总　计	100			
教师总评 （成绩、不足及注意事项）				
综合评定等级（个人30%，小组30%，教师40%）				

任务二　编制机械加工工艺规程

❖ 任务描述

本任务主要介绍编制机械加工工艺规程的基本要求及所需的原始资料，通过学习编制工

项目二 编制机械加工工艺规程 11

艺规程的步骤、工艺文件的格式、分析零件的工艺、拟定工艺路线和确定加工余量，让学生对编制机械加工工艺规程有所了解，为学习任务三机械加工工艺编制实例做准备。

❖ 任务实施

一、实施目标

1. 掌握编制工艺规程的步骤和工艺文件的格式；
2. 会分析零件的工艺；
3. 会拟定工艺路线和确定加工余量。

二、实施准备

自主学习"知识链接"部分，并通过网络等媒介，了解编制机械加工工艺规程需要具备的知识。

课题名称		时　间	
随　　笔	预习主要内容		
随　　笔	课堂笔记主要内容		
评　　语			

三、实施内容

根据图 2-2-1 阀螺栓的图纸要求编制机械加工工艺，按实施步骤要求完成。

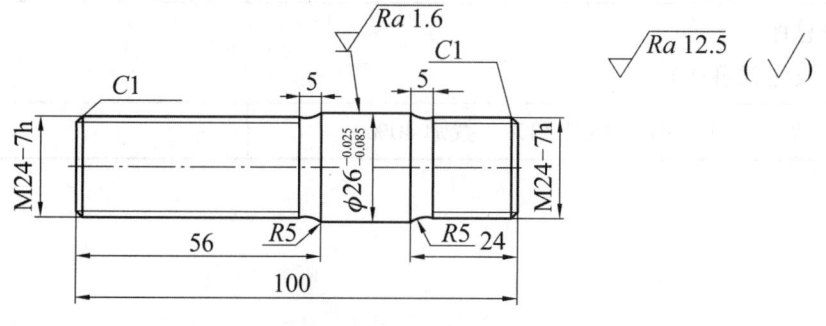

图 2-2-1　阀螺栓

四、实施步骤

1. 零件工艺分析。

1）分析零件结构；

2）选择毛坯。

2. 选择零件表面加工方法，确定外圆加工方案。

3. 安排加工顺序。

4. 制订工艺过程。

1）工序基准的选择；

2）确定工序尺寸的方法；

3）加工余量的确定；

4）工艺装备的选择。

❖ 任务评价

组别			小组负责人	
成员姓名			班级	
课题名称			实施时间	
评价指标	配分	自评	互评	教师评
课前准备，收集资料	5			
课堂学习情况	20			
能应用各种手段获得需要的学习材料，并能提炼出需要的知识点	20			
去企业实地调研	15			
任务完成质量	10			
课堂学习纪律、安全文明	15			
能实现前后知识的迁移，主动性强，与同伴团结协作	15			
总　计	100			
教师总评（成绩、不足及注意事项）				
综合评定等级（个人30%，小组30%，教师40%）				

任务三 编制典型机械加工工艺规程

❖ 任务描述

本任务主要以普通车床加工轴类零件和套筒类零件为例，根据机械加工工艺规程编制步骤，编制轴类零件和套筒类零件加工工艺。轴类零件是最常见的典型零件之一，通过本任务学习要求学生能进行知识迁移，完成普通铣床零件加工工艺的制订。

❖ 任务实施

一、实施目标

1. 会编制轴类零件加工工艺；
2. 会编制套类零件加工工艺。

二、实施准备

自主学习"知识链接"部分，复习巩固任务二部分，并通过网络等媒介，了解机械加工工艺编制实例相关知识。

课题名称		时 间	
随　笔	预习主要内容		
随　笔	课堂笔记主要内容		
评　语			

三、实施内容

根据主教材图 2-3-3、图 2-3-4 图纸要求编制机械加工工艺，完成题表 2-3-1 机械加工工艺卡填写。

四、实施步骤

1. 零件图样分析。

2. 零件的加工方案的确定。

3. 零件的夹紧方案确定。

4. 工艺规程设计。

1）确定毛坯的制造形式；

2）基准面的选择；

3）制订工艺路线；

4）机械加工余量、工序尺寸及毛坯尺寸的确定。

5. 填写题表 2-3-1 机械加工工艺卡。

题表 2-3-1　机械加工工艺卡

(零件图)					厂 名		机械加工工艺卡		
					车间				
					产品名称		零件号		零件名
					材料		零件毛重		
					毛坯种类		零件净重		
					形状与尺寸		材料定额/kg		
							每台产品零件数		
工序号	装夹号	工步号	工序内容	机床名称及编号	工艺装备名称及编号				技术等级	时间定额/min	
					夹具	刀具	量具	辅具		单件时间	准备结束时间

项目二　编制机械加工工艺规程　　15

右上角：续表

更改内容										
编制			校对			审核			批准	

❖ 任务评价

组别				小组负责人	
成员姓名				班级	
课题名称				实施时间	
评价指标	配分	自评		互评	教师评
课前准备，收集资料	5				
课堂学习情况	20				
能应用各种手段获得需要的学习材料，并能提炼出需要的知识点	20				
去企业实地调研	15				
任务完成质量	10				
课堂学习纪律、安全文明	15				
能实现前后知识的迁移，主动性强，与同伴团结协作	15				
总　　计	100				
教师总评（成绩、不足及注意事项）					
综合评定等级（个人30%，小组30%，教师40%）					

项目三　先进加工技术

任务一　认识特种加工技术

❖ 任务描述

特种加工是近几十年发展起来的新工艺，是对传统加工工艺方法的重要补充与发展，目前仍在继续研究开发和改进。直接利用电能、热能、声能、光能、化学能和电化学能，有时也结合机械能对工件进行加工。特种加工中以采用电能为主的电火花加工和电解加工应用较广，泛称电加工。

❖ 任务实施

一、实施目标

1. 知道特种加工技术；

2. 掌握特种加工技术的特点；

3. 知道特种加工的分类；

4. 掌握常用的特种加工方法。

二、实施准备

自主学习"知识链接"部分，并通过网络等媒介，了解特种加工技术方面的知识。

课题名称		时　间	
随　笔	预习主要内容		
随　笔	课堂笔记主要内容		
评　语			

项目三　先进加工技术　17

三、实施内容

1. 说出特种加工技术的特点。

2. 说出特种加工的分类。

3. 说出常用的特种加工方法。

四、实施步骤

1. 以学校车间电火花线切割机床为例，让学生说出该机床的加工特点。

2. 学习常用的特种加工技术的工作原理。

3. 几种常见特种加工方法的综合比较。

❖ 任务评价

组别			小组负责人	
成员姓名			班级	
课题名称			实施时间	
评价指标	配分	自评	互评	教师评
课前准备，收集资料	5			
课堂学习情况	20			
能应用各种手段获得需要的学习材料，并能提炼出需要的知识点	20			
去企业实地调研	15			
任务完成质量	10			
课堂学习纪律、安全文明	15			
能实现前后知识的迁移，主动性强，与同伴团结协作	15			
总　计	100			
教师总评 （成绩、不足及注意事项）				
综合评定等级（个人 30%，小组 30%，教师 40%）				

任务二　认识激光加工技术

❖ 任务描述

激光技术是 20 世纪 60 年代初发展起来的一门新兴科学技术，它影响人类生活的方方面

模块一 机械加工技术基础

面。由于激光具有强度高、单色性好、相干性好和方向性好等特点，在先进制造技术领域得到了广泛的应用，大大推动了制造业的发展。

❖ **任务实施**

一、实施目标

1. 知道激光加工原理及组成；
2. 掌握激光加工的特点；
3. 掌握激光加工的应用。

二、实施准备

自主学习"知识链接"部分，并通过网络等媒介，了解激光加工技术的知识。

课题名称		时 间	
随　　笔	预习主要内容		
随　　笔	课堂笔记主要内容		
评　　语			

三、实施内容

1. 说出激光加工工作原理。
2. 说出激光加工的特点。
3. 说出激光加工的应用。

四、实施步骤

1. 以学校激光加工实训室为例，说出激光切割机和激光标记机各组成部分的名称及作用。

2. 了解激光加工实训室中，激光切割机的工作原理，以组为单位讨论其是否符合规范要求，形成文字。

项目三 先进加工技术 19

❖ 任务评价

组别			小组负责人	
成员姓名			班级	
课题名称			实施时间	
评价指标	配分	自评	互评	教师评
课前准备，收集资料	5			
课堂学习情况	20			
能应用各种手段获得需要的学习材料，并能提炼出需要的知识点	20			
去企业实地调研	15			
任务完成质量	10			
课堂学习纪律、安全文明	15			
能实现前后知识的迁移，主动性强，与同伴团结协作	15			
总　　计	100			
教师总评 （成绩、不足及注意事项）				
综合评定等级（个人30%，小组30%，教师40%）				

任务三　认识 3D 打印技术

❖ 任务描述

3D 打印是一种"自下而上"分层添加材料实现快速产品制造的技术，具有制造成本低、生产周期短等明显优势，被誉为"第三次工业革命最具标志性的生产工具"。本任务主要介绍 3D 打印的概念、优势及工作原理，重点了解 3D 打印的主要应用。

❖ 任务实施

一、实施目标

1. 掌握 3D 打印的概念；

2. 了解 3D 打印技术的优势；

3. 了解 3D 打印技术基本原理；

4. 了解 3D 打印技术的主要应用。

二、实施准备

自主学习"知识链接"部分，并通过网络等媒介，了解 3D 打印技术的知识。

课题名称		时 间	
随　笔	预习主要内容		
随　笔	课堂笔记主要内容		
评　语			

三、实施内容

1. 说出 3D 打印的概念及优势。

2. 说出 3D 打印技术基本原理。

3. 说出 3D 打印技术的主要应用。

四、实施步骤

1. 以学校先进制造技术加工车间的 3D 打印机为例，说出其工作原理，并能做简单图形绘制。

2. 了解 3D 打印技术的主要应用。

❖ 任务评价

组别		小组负责人	
成员姓名		班级	
课题名称		实施时间	
评价指标	配分	自评	互评	教师评
课前准备，收集资料	5			
课堂学习情况	20			
能应用各种手段获得需要的学习材料，并能提炼出需要的知识点	20			

项目三　先进加工技术　21

续表

去企业实地调研	15			
任务完成质量	10			
课堂学习纪律、安全文明	15			
能实现前后知识的迁移，主动性强，与同伴团结协作	15			
总　计	100			
教师总评 （成绩、不足及注意事项）				
综合评定等级（个人30%，小组30%，教师40%）				

模块二　机械加工技术的应用

项目四　车削加工技术

任务一　认识车床

❖ 任务描述

车床是主要利用车刀对旋转的工件进行车削加工的机床，它主要用于加工轴、盘、套和其他具有回转表面的零件，还可用钻头、扩孔钻、铰刀、丝锥、板牙和滚花工具等进行相应的加工，是机械制造和修配工厂中使用最广的一类机床。

❖ 任务实施

一、实施目标

1. 掌握车床的加工范围；

2. 了解 CA6140A 车床的组成及各部分的作用；

3. 了解 CA6140A 型车床的主要技术参数。

二、实施准备

自主学习"知识链接"部分，并通过网络等媒介，了解卧式车床的相关知识。

课题名称		时　间	
随　笔	预习主要内容		

项目四 车削加工技术 23

续表

随　　笔	课堂笔记主要内容
评　　语	

三、实施内容

1. 车床的启动操作及主轴箱的变速操作。

2. 调整进给运动速度。

3. 尾座操作。

4. 车床维护及保养。

四、实施步骤

（一）车床的启动操作及主轴箱的变速操作

1. 不通电源，调整车床的主运动速度。

在不通电源的情况下，学生熟悉主轴箱和变速箱各手柄位置的作用和使用方法。

2. 接通电源，调整车床主运动速度。

1）启动操作。

（1）将电源总开关顺时针转过 90°。

（2）按下启动按钮启动电动机。

（3）将操纵杆手柄提起，主轴正转，操纵杆手柄下压，主轴反转；操纵杆处于中间位置，主轴停止转动。

2）变速操作。

变速操作是依靠位于主轴箱前面的变速手柄来进行的，只需按照标记将手柄调到所需位置即可。操作时，通过扳动变速手柄，可拨动主轴箱内的滑移齿轮，改变传动路线，使主轴得到不同的转速。

3. 调整注意事项及操作规程。

1）操作前要穿紧身防护服，袖口扣紧，上衣下摆不能敞开，严禁戴手套，不得在开动的机床旁穿脱换衣服，或围布于身上，防止机器绞伤。必须戴好安全帽，辫子应放入帽内，不得穿裙子、拖鞋。

2）开动车床前各手柄必须放在低速位置上，变速时必须先停机，正反转变换时不能太快，否则极易将齿轮的轮齿打坏。

3）变速操作时手柄必须到位，否则会出现"空挡"现象，或因为齿轮啮合不完全而降低轮齿强度，导致齿轮轮齿损坏。

4）若遇到手柄难以扳到位时，可能是由于齿轮啮合位置不正确而引起的，可边用手转动车床卡盘，边扳动手柄加以解决。

5）车床开动前，必须认真、仔细地检查机床各部件和防护装置是否完好和安全可靠；应加油润滑机床，并保持低速空载运行 2~3min，检查机床运转是否正常。

6）遇到异常情况应先停机，或关掉电源。

7）运转过程中，主轴箱内若产生异常声音时，应停机检查。

（二）调整进给运动速度

1. 调整手动手柄。

在溜板箱的前面有纵向进给手轮和横向进给手柄。顺时针摇动纵向进给手轮时，通过齿轮、蜗轮、蜗杆等啮合传动，将手轮的转动变成刀架的向右移动；而逆时针摇动手轮时，刀架则向左移动。顺时针摇动横向手柄，刀架向前移动；逆时针摇动手柄则相反。同样摇动小滑板手柄也是如此。

2. 使用自动手柄。

在溜板箱的前面有自动进给手柄，手柄两侧标有自动进给方向，可按进给要求和标记方向进行操作。

3. 调整注意事项。

1）先不开动车床，重点进行纵向、横向和少量进给的摇动练习，要求分清进刀、退刀方向，反应要灵活，动作要准确自如，摇动手柄做到缓慢、均匀、连续、双手交替。注意进、退刀方向不能搞错，若把退刀摇成进刀会使工件报废。

2）机动进给练习时，行程不能太长，进给箱手柄位置变换时应在低速中进行。

（三）尾座操作

1. 手动沿床身导轨纵向移动尾座至合适的位置，逆时针方向扳动尾座固定手柄，将尾座固定。注意移动尾座时用力不要过大。

2. 逆时针方向移动套筒固定手柄，摇动手轮，使套筒做进、退移动。顺时针方向转动套筒固定手柄，将套筒固定在选定的位置。

3. 擦净套筒内孔和顶尖锥柄，安装后顶尖；松开套筒固定手柄，摇动手轮使套筒后退出后顶尖。

（四）车床维护及保养

1. 车床的保养。

为了使机床保持良好状态，除了发生故障应及时修理外，坚持经常的维护保养是十分重要的。坚持定期检查，经常维护保养，可以把许多故障隐患消灭在萌芽之中，防止或减少事故的发生。

2. 车床的清洁。

任何机器除了要有正确的操作外，需要有良好的清洁与维护才能保持其精度并延长机器寿命。适当地润滑车床是很重要的，通常在每部机器使用说明书上有润滑表，根据说明书要求选择合适的润滑油。另外在每次工作结束后也要彻底清洁车床。车床的清洁与维护工作注意事项如下：

1）首先使用毛刷清除所有的切屑。

2）用干净抹布或不用的棉布擦拭车床上的切屑、水分及表面油污。

3）主轴孔、卡爪应擦拭干净。

4）机床导轨及复式刀座、燕尾槽需要多次来回擦拭并加以润滑。

5）润滑车床时若油滴在油漆面上应擦拭掉。

6）操作之前在导轨上附层薄油膜。

7）勿用压缩空气清理切屑，并防止切屑吹入导槽或油孔内。

8）不可在车床导轨上放置工具或工作物品，否则会毁损导轨上精密表面的准确度。

9）清洁后使车床归至定位，将工具排列整齐。

3. 车床的润滑。

1）浇油润滑。浇油润滑通常用于外露的滑动表面，如床身导轨面和滑板导轨面等。

2）溅油润滑。溅油润滑通常用于密封的箱体中，如车床的主轴箱，它利用齿轮转动把润滑油溅到油槽中，然后输送到各处进行润滑。

3）油绳导油润滑。油绳导油润滑通常用于车床进给箱和溜板箱的油池中，它利用毛线吸油和渗油的能力，把机油慢慢地引到所需要的润滑处。

4）弹子油杯注油润滑。弹子油杯注油润滑通常用于尾座和滑板手柄转动的轴承处。注油时，用油嘴把弹子按下，滴入润滑油。使用弹子油杯的目的是防尘防屑。

5）黄油（油脂）杯润滑。黄油杯润滑通常用于车床交换齿轮架的中间轴。使用时，先在黄油杯中装满工业油脂，当拧进油杯盖时，油脂就挤进轴承套内，比加机油方便。使用油脂润滑的另一特点是存油期长，不需要每天加油。

6）油泵输油润滑。油泵输油润滑通常用于转速高、润滑油需要量大的机构中，如车床的主轴箱一般都采用油泵输油润滑。

4. 车床的日常保养内容和要求。

1）班前保养要求。

（1）按规定润滑各部位，检查机床润滑油窗，油位不得低于油位线 4mm。

（2）检验各手柄位置是否正确。"三杠"手柄开机前必须在空挡位置。

（3）认真查看车床导轨、卡盘及其他运转部位有无异物。

2）班中保养要求。

（1）严格执行设备的安全操作规程，做到安全使用、文明使用。

（2）注意检查泵油窗油量是否正常，随时注意车床有无异常噪声、振动等异常情况发生，出现情况立即停机，按有关规定进行处理。

（3）加工过程中工件不得放在车床导轨上或易发生事故的部位。

（4）及时清理导轨上的切屑。

3）班后保养要求。

（1）当天工作结束后，按程序进行清理。首先将切屑仔细清理干净，并倒入切屑回收箱。

（2）运转部位（光杠、丝杠、操作杆、导轨、尾座）、主轴箱、滑板、溜板箱、进给箱等要认真清扫干净，并在各运转部位加润滑油或防锈油。

（3）车床要全面、彻底打扫干净，床身部位不得留有油灰、黄袍清洗剂等，应特别注意照明灯、冷却管、接屑盘等部位都要清扫干净，电气装置不得有油灰、切屑等杂物。

（4）最后将尾座、大滑板停靠在车床尾部，并使所有设备尾座、大滑板整齐划一、照明灯、冷却管统一设置在工作状态。

（5）工具箱内摆放整齐，上面不得放置杂物。外部要擦拭干净，不得有切屑、油灰等污垢。

（6）备用切前液、润滑油统一放置在切屑盘下后床腿处。

（7）彻底打扫车床周围环境卫生。

❖ 任务评价

组别		小组负责人	
成员姓名		班级	
课题名称		实施时间	
评价指标	配分	自评	互评	教师评
课前准备，收集资料	5			
课堂学习情况	20			
能应用各种手段获得需要的学习材料，并能提炼出需要的知识点	20			
去企业实地调研	15			
任务完成质量	10			
课堂学习纪律、安全文明	15			
能实现前后知识的迁移，主动性强，与同伴团结协作	15			
总　　计	100			
教师总评 （成绩、不足及注意事项）				
综合评定等级（个人30%，小组30%，教师40%）				

项目四 车削加工技术  27

任务二 刃磨车刀

❖ 任务描述

俗话说"工欲善其事，必先利其器"，如果想在普通车床上加工出合格的零件，正确地选择和使用刀具是非常重要的。在车削加工过程中，车床是形成切削运动和动力的来源，车刀则是用来改变毛坯形状，使其达到所需要零件的形状和技术条件的工作部件。车刀的种类很多，在实际生产中，可根据零件加工需要自制所需车刀。

❖ 任务实施

一、实施目标

1. 了解常用车刀材料、种类和用途。

2. 掌握车刀的组成及切削部分的几何要素。

3. 掌握车刀的主要角度及作用。

4. 会刃磨车刀。

二、实施准备

自主学习"知识链接"部分，并通过网络等媒介，了解刃磨车刀的相关知识。

课题名称		时 间	
随 笔	预习主要内容		
随 笔	课堂笔记主要内容		
评 语			

三、实施内容

请正确刃磨题图 4-2-1 所示的 90°外圆车刀的各个几何角度。

四、实施步骤

1. 砂轮的选择。

2. 刃磨车刀的姿势及方法。

3. 车刀刃磨的步骤。

1) 粗磨车刀。

（1）粗磨后刀面与副后刀面。

（2）粗磨前刀面和断屑槽。

2) 精磨车刀。

（1）精磨断屑槽。

（2）磨负倒棱。

（3）精磨后刀面与副后刀面。

（4）磨过渡刃。

（5）磨修光刃。

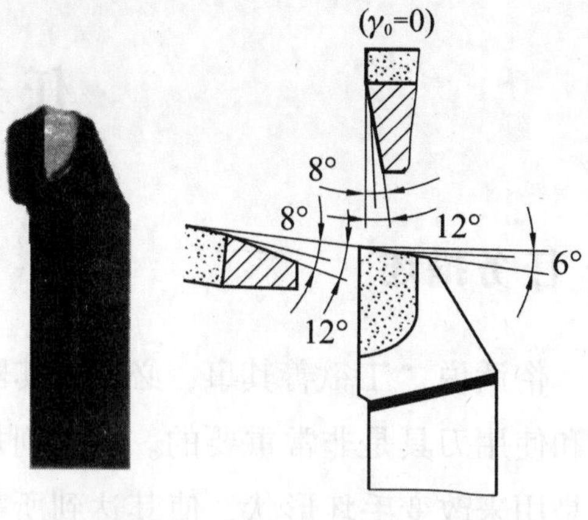

题图 4-2-1　90°外圆车刀

❖ 任务评价

组别			小组负责人	
成员姓名			班级	
课题名称			实施时间	
评价指标	配分	自评	互评	教师评
课前准备，收集资料	5			
课堂学习情况	20			
能应用各种手段获得需要的学习材料，并能提炼出需要的知识点	20			
去企业实地调研	15			
任务完成质量	10			
课堂学习纪律、安全文明	15			
能实现前后知识的迁移，主动性强，与同伴团结协作	15			
总　　计	100			
教师总评（成绩、不足及注意事项）				
综合评定等级（个人30%，小组30%，教师40%）				

项目四 车削加工技术  29

任务三　车削典型轴类零件

❖ 任务描述

车床上加工的主要内容为工件的内外圆柱面、端面、圆锥面、车槽、钻孔、铰孔、车螺纹等，本任务主要以光轴零件、阶梯轴零件、内孔、圆锥及沟槽的加工为例，通过对典型表面的加工分析，掌握车床加工中选择刀具、装夹工件的方法及加工工艺安排。

❖ 任务实施

一、实施目标

1. 了解车床零件装夹方法，了解刀具装夹方法；

2. 掌握光轴、阶梯轴零件车削方法及步骤；

3. 掌握内孔车削方法及步骤；

4. 掌握圆锥及沟槽车削方法及步骤；

5. 培养学生车削加工基本技能、培养学生学习能力及沟通能力，培养勤学肯钻、爱岗敬业精神。

二、实施准备

自主学习"知识链接"部分，并通过网络等媒介，了解卧式车床加工零件的相关知识。

课题名称		时　间	
随　　笔	预习主要内容		
随　　笔	课堂笔记主要内容		
评　　语			

30   模块二   机械加工技术的应用

三、实施内容

1. 说出车床上车刀装夹，光轴、阶梯轴零件的装夹与加工方法。

2. 说出车床上孔、圆锥面的加工方法。

3. 说出车床上槽的加工方法。

四、实施步骤

1. 通过练习车刀的装夹、工件的装夹，了解车床刀具及零件的装夹方法。

2. 通过销轴、阶梯轴的车削，掌握车床上轴类零件的加工方法。

3. 通过锥面、切槽的车削，掌握车床上加工圆锥面及切槽切断的方法。

4. 小组讨论、交流分析，能否采用其他更优化方法和步骤实现零件加工。

❖ 任务评价

组别			小组负责人	
成员姓名			班级	
课题名称			实施时间	
评价指标	配分	自评	互评	教师评
课前准备，收集资料	5			
课堂学习情况	20			
能应用各种手段获得需要的学习材料，并能提炼出需要的知识点	20			
去企业实地调研	15			
任务完成质量	10			
课堂学习纪律、安全文明	15			
能实现前后知识的迁移，主动性强，与同伴团结协作	15			
总　　计	100			
教师总评 （成绩、不足及注意事项）				
综合评定等级（个人30%，小组30%，教师40%）				

项目五　铣削加工技术

任务一　认识铣床

❖ 任务描述

铣床是一种用途广泛的机床，在铣床上可以加工平面（水平面、垂直面）、沟槽（键槽、T形槽、燕尾槽等）、分齿零件（齿轮、花键轴、链轮）、螺旋形表面（螺纹、螺旋槽）及各种曲面。此外，还可用于对回转体表面、内孔加工及进行切断工作等。简单来说，铣床是可以对工件进行铣削、钻削和镗孔加工的机床。

本任务主要通过对铣床的学习，了解铣床的基本结构，掌握铣床的分类和铣床型号的含义，熟悉典型铣床各组成部分的功用，了解铣削加工的特点。

❖ 任务实施

一、实施目标

1. 正确识读铣床的型号；
2. 能识别不同类型的铣床；
3. 能说出铣床各组成部件的名称。

二、实施准备

自主学习"知识链接"部分，并通过网络等媒介，认识铣床。

课题名称		时　间	
随　　笔	预习主要内容		
随　　笔	课堂笔记主要内容		

续表

评　语	

三、实施内容

1. 说出铣床的种类及功用。

2. 熟悉铣床外形及各部位名称。

3. 说出铣床型号的编制方法。

四、实施步骤

1. 了解卧式铣床和立式铣床的结构及功用。

2. 熟悉铣床外形及各部位名称。

3. 小组讨论不同铣床型号的意义。

❖ 任务评价

组别		小组负责人	
成员姓名		班级	
课题名称		实施时间	

评价指标	配分	自评	互评	教师评
课前准备，收集资料	5			
课堂学习情况	20			
能应用各种手段获得需要的学习材料，并能提炼出需要的知识点	20			
去企业实地调研	15			
任务完成质量	10			
课堂学习纪律、安全文明	15			
能实现前后知识的迁移，主动性强，与同伴团结协作	15			
总　　计	100			
教师总评 （成绩、不足及注意事项）				
综合评定等级（个人30%，小组30%，教师40%）				

项目五　铣削加工技术　33

任务二　选择铣刀

❖ 任务描述

铣削加工的内容很广，用于铣削加工的刀具种类也很多。本任务主要结合加工任务进行铣刀选择，选择刀具时，需要考虑被加工零件的几何形状、尺寸和工件材质、刀具的结构、角度参数等多个方面。

❖ 任务实施

一、实施目标

1. 了解铣刀的种类和用途；

2. 了解铣刀的几何参数；

3. 铣刀尺寸的选择；

4. 会根据铣削加工实际需要选择合适的铣削方式。

二、实施准备

自主学习"知识链接"部分，并通过网络等媒介，了解关于如何选择铣刀方面的知识。

课题名称		时　间	
随　　笔	预习主要内容		
随　　笔	课堂笔记主要内容		
评　　语			

三、实施内容

1. 说出铣刀的种类和用途。

2. 了解铣刀的几何参数。

3. 会选择铣刀尺寸。

4. 会根据铣削加工实际需要选择合适的铣削方式。

四、实施步骤

1. 了解铣刀的种类和用途。

2. 了解铣刀的几何参数。

3. 观察铣床刀具，讨论各刀具角度，讨论各铣刀加工什么内容。

❖ 任务评价

组别		小组负责人	
成员姓名		班级	
课题名称		实施时间	
评价指标	配分	自评	互评	教师评
课前准备，收集资料	5			
课堂学习情况	20			
能应用各种手段获得需要的学习材料，并能提炼出需要的知识点	20			
去企业实地调研	15			
任务完成质量	10			
课堂学习纪律、安全文明	15			
能实现前后知识的迁移，主动性强，与同伴团结协作	15			
总　计	100			
教师总评 （成绩、不足及注意事项）				
综合评定等级（个人30%，小组30%，教师40%）				

任务三　铣削典型零件

❖ 任务描述

本任务主要以铣床加工典型零件为例，通过零件平面铣削、沟槽铣削等，讲述普通铣床零件加工方法，任务重点是刀具选择、工件装夹、加工工艺安排，通过铣削方法的确定和操作步骤的安排，来完成整个零件的加工。

项目五 铣削加工技术 35

❖ 任务实施

一、实施目标

1. 掌握铣削相关的工艺知识及方法；

2. 能根据零件特点正确选择刀具，合理选用切削参数及装夹方式；

3. 掌握零件加工方法及精度控制方法；

4. 培养敬业、专注、创新的工匠精神。

二、实施准备

自主学习"知识链接"部分，并通过网络等媒介，了解用普通铣床加工零件的相关知识。

课题名称		时　间	
随　　笔	预习主要内容		
随　　笔	课堂笔记主要内容		
评　　语			

三、实施内容

1. 说出平面的铣削方法步骤。

2. 说出台阶的铣削方法步骤。

3. 说出直角沟槽、十字槽铣削方法步骤。

四、实施步骤

1. 掌握平面、台阶的铣削方法步骤。

2. 掌握直角沟槽、十字槽铣削方法步骤。

3. 小组讨论如何改进铣削加工的零件质量。

❖ 任务评价

组别			小组负责人	
成员姓名			班级	
课题名称			实施时间	
评价指标	配分	自评	互评	教师评
课前准备，收集资料	5			
课堂学习情况	20			
能应用各种手段获得需要的学习材料，并能提炼出需要的知识点	20			
去企业实地调研	15			
任务完成质量	10			
课堂学习纪律、安全文明	15			
能实现前后知识的迁移，主动性强，与同伴团结协作	15			
总　　计	100			
教师总评 （成绩、不足及注意事项）				
综合评定等级（个人30%，小组30%，教师40%）				